GUIA DE NEUROLOGIA

Catalogação na Fonte
Elaborado por: Josefina A. S. Guedes
Bibliotecária CRB 9/870

G943g
2024

Guia de neurologia / Cristiane Fiquene Conti, Márcio Moysés de Oliveira, Vinicius Freire Pereira (orgs.). – 1. ed. – Curitiba: Appris, 2024.
124 p. ; 21 cm. – (Multidisciplinaridade em saúde e humanidades).

Inclui referências.
ISBN 978-65-250-5910-5

1. Neurologia. 2. Neurociências. 3. Sistema nervoso. I. Conti, Cristiane Fiquene. II. Oliveira, Márcio Moysés de. III. Pereira, Vinicius Freire. IV. Título. V. Série.

CDD – 616.8

Livro de acordo com a normalização técnica da ABNT

Appris editora

Editora e Livraria Appris Ltda.
Av. Manoel Ribas, 2265 – Mercês
Curitiba/PR – CEP: 80810-002
Tel. (41) 3156 - 4731
www.editoraappris.com.br

Printed in Brazil
Impresso no Brasil

Cristiane Fiquene Conti
Márcio Moysés de Oliveira
Vinicius Freire Pereira
(org.)

GUIA DE NEUROLOGIA

FICHA TÉCNICA

Para todos os entusiastas da Neurologia e suas nuances.

AGRADECIMENTOS

À Universidade Federal do Maranhão (Ufma) que, por meio de trabalhos interdisciplinares e articulados, tem propiciado as relações entre as unidades acadêmicas e o coletivo, bem como oportuniza o desenvolvimento social, baseado no respeito às diversidades.

À Pró-Reitoria de Assistência Estudantil (Proaes) que, por intermédio do programa Foco Acadêmico, tem sido uma das engrenagens principais para ampliar as competências dos alunos no âmbito do ensino, da pesquisa e extensão, fornecendo aos discentes que estão em vulnerabilidade socioeconômica o ensejo para o autodesenvolvimento acadêmico, sendo auxiliados por meio de bolsas, contribuindo de modo significativo para o suceder das formações profissionais e produções científicas.

Aos professores do Departamento de Morfologia do Centro de Ciências Biológicas e da Saúde (Demor/CCBS), que se encarregaram da orientação e execução desta obra, e aos discentes do curso de Medicina da Ufma responsáveis pela autoria dos capítulos desta obra.

O cérebro é o órgão do destino. Ele guarda em seu mecanismo de murmúrios os segredos que determinarão o futuro da raça humana.

(Wilder Penfield)

PREFÁCIO

É com grande entusiasmo e profundo respeito que tenho a honra de introduzir o cativante *Guia de Neurologia*, uma obra notável concebida pelos ilustres organizadores: Prof.ª Dr.ª Cristiane Fiquene Conti, Prof. Dr. Márcio Moysés de Oliveira e o acadêmico Vinicius Freire Pereira. Juntos, lideraram com inspiração uma equipe de 10 graduandos na criação deste material rico e abrangente, destacando-se como líderes habilidosos na promoção do conhecimento neurocientífico.

Prof.ª Dr.ª Cristiane Fiquene Conti, professora associada do Departamento de Morfologia da Universidade Federal do Maranhão (Ufma) e doutora em Ciências da Saúde pela Universidade Federal de São Paulo (Unifesp), brilha como mentora inspiradora, garantindo a qualidade e a profundidade científica desta obra. Prof. Dr. Márcio Moysés de Oliveira, igualmente professor associado do Departamento de Morfologia da Ufma e doutor em Medicina Interna e Terapêutica e Medicina Baseada em Evidências pela Unifesp, contribui com sua vasta experiência e excelência acadêmica, elevando este guia a um patamar de referência para os iniciantes na neurologia clínica. Por fim, o acadêmico Vinicius Freire Pereira, incansável participante da iniciação científica no Laboratório de Fisiologia Experimental (Lefisio) e estudante de Medicina na Ufma, traz uma perspectiva fresca e contemporânea, destacando-se como uma promessa na próxima geração de profissionais dedicados à neurociência.

O *Guia de Neurologia* é uma obra notável, uma fonte imprescindível para aqueles que buscam adentrar o fascinante universo da neurologia clínica. Desde sua introdução, abordando o impacto devastador do acidente vascular cerebral, até a discussão detalhada de diversas doenças cerebrovasculares e seus tratamentos, os organizadores proporcionam uma jornada envolvente e informativa. A abordagem clara e objetiva sobre cefaleias primárias, com ênfase na prevalência da enxaqueca, seguida por uma exploração profunda das epilepsias, incluindo a crucial epilepsia mioclônica juvenil, demonstra a maestria dos autores em apresentar tópicos complexos de maneira acessível. Os capítulos subsequentes, que abordam transtornos da memória e do intelecto, a doença de Parkinson, esclerose múltipla, esclerose lateral amiotrófica, neuropatias periféricas, miopatias, meningites e encefalites, são igualmente enriquecedores e clinicamente relevantes.

A obra, diferentemente de um tratado extenso, tem como proposta oferecer uma revisão rápida e atualizada dos quadros neurológicos mais relevantes na prática cotidiana. Ele proporciona uma visão panorâmica desses distúrbios neurológicos, diagnóstico e condutas relevante para profissionais que atuam no ambulatório clínico e pronto-atendimento. Seus tópicos, embora concisos, têm conteúdo denso. Sua leitura é cativante e estimulante, guiando o leitor por uma jornada de descobertas e compreensão mais profunda do sistema nervoso.

Parabenizo calorosamente os organizadores e colaboradores por preencherem uma lacuna significativa com esta obra, que certamente se tornará um recurso essencial para todos os apaixonados pela neurologia clínica. Este guia é uma contribuição inestimável para o graduando em seu internato, para o cotidiano do clínico e para o neurologista que busca atualização. Que esta obra inspire as futuras gerações de profissionais comprometidos com a compreensão do complexo universo neurológico.

Dr. Paulo Afonso Medeiros Kanda

Doutor em Neurologia pela Faculdade de Medicina da Universidade de São Paulo (HCFMUSP)
Diretor do Laboratório de Neurofisiologia Clínica Neurovale

SUMÁRIO

1. INTRODUÇÃO

2. DOENÇAS CEREBROVASCULARES (DCBV)

Arthur Duarte de Sousa

3. CEFALEIAS PRIMÁRIAS

Luís Miguel Moraes Araújo

4. EPILEPSIAS

João Pedro Pimentel Abreu

9. NEUROPATIAS PERIFÉRICAS

Maria Francisca de Jesus Melo Serra

10. MIOPATIAS

Wesley do Nascimento Silva

11. MENINGITES

Fernanda Karolynne Sousa Coimbra

12. ENCEFALITES

Fernanda Karolynne Sousa Coimbra

1. INTRODUÇÃO

O campo da neurologia é vasto, complexo e fascinante. Esse universo abrange desde a intrincada estrutura cerebral até toda a rede do sistema nervoso humano. Logo, a neurologia é de suma importância para compreender e tratar distúrbios nervosos.

A proposta deste guia de neurologia perpassa uma imersão abrangente, explorando uma gama diversificada de desordens neurológicas, cada uma representando uma faceta única do funcionamento cerebral e do sistema nervoso, com o objetivo de produzir um conteúdo facilitador, atualizado e acessível. A seguir, serão citadas as abordagens realizadas ao longo do livro pelos autores.

Iniciando com a exploração das doenças cerebrovasculares, destaca-se a importância crítica da intervenção precoce e da reabilitação para minimizar os danos e restaurar a função neurológica. Nessa seção, é tratado do acidente vascular encefálico, a hemorragia subaracnóidea, e a hemorragia intracerebral parenquimatosa. Adentrando na esfera das cefaleias, estratégias são discutidas para que ofereçam alívio a esses pacientes. Nessa parte do livro, é ressaltado o importante tópico da avaliação inicial e o conhecimento das diferenças entre cefaleias em salvas, migrâneas e as do tipo tensional.

Avançando na exploração das epilepsias, foram examinadas as múltiplas manifestações e os desafios associados à gestão desses pacientes. Nessa seção, é tratada detalhadamente a epidemiologia, o diagnóstico essencialmente clínico, com importante papel dos exames complementares para exclusão dos diagnósticos diferenciais. Ainda, é tratado as diversas classificações, concluindo com a etapa terapêutica.

Ademais, quanto aos transtornos da memória e do intelecto, foram expostas as complexidades das demências e dos distúrbios cognitivos, expondo estratégias que possam melhorar a qualidade de vida dos afetados. A pesquisa detalhou aspectos da doença de Alzheimer, demência vascular, demência por corpos de Lewy, e demência frontotemporal.

Adiante, a doença de Parkinson é explanada na sua progressão, tratamentos e novas abordagens que buscam aliviar os sintomas e retardar o avanço da doença. A doença de Parkinson possui diagnóstico essencialmente clínico, por isso o detalhamento da sintomatologia nessa seção foi fundamental para a compreensão do leitor. São exploradas também, no capítulo seguinte, as doenças desmielinizantes, como a esclerose múltipla, a neuromielite óptica e a encefalomielite aguda disseminada, examinando os desafios diagnósticos e as terapias que visam minimizar a deterioração da bainha de mielina que protege os nervos.

O guia ainda trata da esclerose lateral amiotrófica (ELA), uma condição que afeta as células nervosas responsáveis pelo controle dos músculos voluntários, expondo os desafios de diagnóstico, a progressão da doença e as abordagens de tratamento, que são paliativas, visando o prolongamento da vida com o máximo de qualidade. Em seguida, discute-se as doenças dos nervos periféricos e miopatias, investigando suas diferentes manifestações e estratégias terapêuticas para o manejo dessas condições.

Por fim, os autores exploram as meningites e encefalites, inflamações que impactam as membranas que envolvem o cérebro e a medula espinhal, destacando a importância da identificação precoce e intervenção para um prognóstico favorável.

Portanto, este guia é uma descrição multifacetada de muitas patologias importantes da neurologia, vislumbrando não apenas as complexidades das condições, mas também as abordagens terapêuticas, estratégias de manejo e avanços no entendimento dessas doenças. As patologias mostradas dependem de um acurado olhar clínico, devido à complexidade das apresentações e da justaposição de sinais e sintomas. Por isso, você verá a clínica dessas doenças de forma a facilitar o diagnóstico.

Os autores, estudantes do curso de Medicina da Universidade Federal do Maranhão (Ufma), foram impulsionados até o interesse pelo campo da neurologia e, a partir da determinação em disseminar conhecimento acessível e prático, foram motivados a compartilhar pesquisas e compreensões nessa área.

2. DOENÇAS CEREBROVASCULARES (DCBV)

Arthur Duarte de Sousa

2.1 INTRODUÇÃO E EPIDEMIOLOGIA

As doenças de origem cerebrovascular são as representantes das doenças crônicas não transmissíveis (DCNT) que mais ocasionam mortes a nível nacional e a terceira em nível mundial, ao lado das isquemias cardíacas e das neoplasias, além de englobarem a maior causa de incapacitação entre adultos, causando perda de população economicamente ativa e contribuindo para a sobrecarga do sistema de saúde.

Nas últimas décadas, houve um aumento na quantidade de mortes por doenças cerebrovasculares (DCBV), as quais passaram de 104 mil, em 1990, para 144 mil, em 2015, segundo estudo publicado pela *Revista Brasileira de Epidemiologia* em 2017. Entretanto, apesar de o número absoluto de vítimas continuar a crescer, é perceptível a diminuição na mortalidade em pacientes acometidos por DCBV, com uma redução 51,4% para 35,1% durante o período estudado. Tal resultado é consequência do progresso no estudo das doenças cerebrovasculares, atualmente auxiliado pela neuroimagem, com a tomografia computadorizada (TC) e a ressonância magnética (RNM) e pelo crescente uso de terapia trombolítica intravenosa.

Entre os fatores de risco, a idade avançada é o mais expressivo, visto que a incidência de um evento cerebrovascular dobra após os 55 anos e 75% dos pacientes que sofrem acidente vascular encefálico (AVE) têm mais de 65 anos. Outros fatores não modificáveis influenciam no surgimento de doenças cerebrovasculares, como sexo masculino, raça negra e histórico familiar. Sobre os fatores de risco modificáveis que elevam a taxa de incidência/prevalência de DCBV, temos a hipertensão arterial sistêmica (HAS), o diabetes mellitus (DM), as dislipidemias (DLP), algumas cardiopatias, o sedentarismo, o tabagismo, o etilismo e a obesidade.

Tabela 1 – Risco relativo, prevalência estimada e identificação dos fatores de risco modificáveis para AVEi

Fator de Risco	Risco Relativo	Prevalência	Identificação
HAS	3 - 5	25% - 40%	PA > 140x9 mmHg
DM	1,5 - 3	4% - 20%	Glicemia em jejum > 126 mg/dL
DLP	1 - 2	6% - 40%	Colesterol > 200 mg/dL LDL > 100 mg/dL HDL < 35 mg/dL TAG > 200 mg/dL
FA	5 - 18	1% - 2%	Ritmo irregular não sinusal QRS estreito
Etilismo	1 - 3	5% - 30%	> 5 doses diárias
Sedentarismo	2,7	20% - 40%	< 30 - 60 minutos diários de caminhada 4x por semana
Tabagismo	1,5 - 2,5	20% - 40%	Fumante atual

Fonte: Boden-Albala e Sacco (2015)

2.2 CLASSIFICAÇÃO E DIAGNÓSTICO

As doenças cerebrovasculares podem ser classificadas em quatro grupos: isquêmica (AVEi); hemorragia cerebral intraparenquimatosa (HIP); hemorragia subaracnóide (HSA); e trombose venosa central (TVC). A DCBV de origem isquêmica é a mais predominante, representando de 80% a 85% das doenças vasculares cerebrais.

O diagnóstico de qualquer tipo de AVE depende fortemente da história clínica do paciente e de uma anamnese bem feita, além da utilização de exames complementares e de imagem para excluir diagnósticos alternativos como hipoglicemia, encefalopatia hepática, epilepsia ou hematoma subdural crônico, que possuem clínica semelhante às DCBV. Neoplasias, abscesso cerebral, encefalite, cefaleia migrânea, doenças desmielinizantes e neuropatias periféricas agudas também causam *deficit* neurológicos focais que podem ser confundidos com DCBV.

Em função de orientar adequadamente a conduta médica em casos de suspeita de AVE, escalas são utilizadas para avaliar a evolução do *deficit* neurológicos focais, dentre elas, a escala do National Institute of Health Stroke Scale (NIHSS) é a mais utilizada e com mais evidências científicas de eficácia em estimar sequelas neurovasculares. A partir do resultado do NIHSS, é possível incluir o paciente no protocolo de trombólise, realizando a terapia reperfusional, ou excluí-lo em função do tratamento conservador.

Escala do NIHSS

Nível de consciência:

0 = alerta e responde com entusiasmo;

1 = não alerta, mas ao ser acordado por mínima estimulação obedece, responde ou reage;

2 = não alerta, requer repetida estimulação ou estimulação dolorosa para realizar movimentos (não estereotipados);

3 = responde somente com reflexo motor ou reações autonômicas, ou totalmente irresponsivo, flácido e arreflexo.

1b) Perguntas de nível de consciência (mês do ano e idade):

0 = responde ambas as questões corretamente;

1 = responde uma questão corretamente;

2 = não responde nenhuma questão corretamente.

1c) Comandos de nível de consciência (abrir e fechar olho e mão):

0 = realiza ambas as tarefas corretamente;

1 = realiza uma tarefa corretamente;

2 = não realiza nenhuma tarefa corretamente.

Melhor olhar conjugado (testar movimentação horizontal dos olhos):

0 = normal;

1 = paralisia parcial do olhar. Este escore é dado quando o olhar é anormal em um ou ambos os olhos, mas não há desvio forçado ou paresia total do olhar;

2 = desvio forçado ou paralisia total do olhar que não podem ser vencidos pela manobra óculo-cefálica.

Visual:

0 = sem perda visual;

1 = hemianopsia parcial;

2 = hemianopsia completa;

3 = hemianopsia bilateral (cego, incluindo cegueira cortical).

Paralisia facial (mostrar os dentes ou sorrir e fechar os olhos):

0 = movimentos normais simétricos;

1 = paralisia facial leve (apagamento de prega nasolabial, assimetria no sorriso);

2 = paralisia facial central evidente (paralisia facial total ou quase total da região inferior da face);

3 = paralisia facial completa (ausência de movimentos faciais das regiões superior e inferior da face).

Motor para braços (extensão de braço para 45° deitado ou 90° sentado e com sustentação por 10 segundos):

0 = sem queda; mantém o braço 90° (ou 45°) por 10 segundos completos;

1 = queda; mantém o braço a 90º (ou 45º), porém este apresenta queda antes dos 10 segundos completos; não toca a cama ou outro suporte;

2 = algum esforço contra a gravidade; o braço não atinge ou não mantém 90º (ou 45º), cai na cama, mas tem alguma força contra a gravidade;

3 = nenhum esforço contra a gravidade; braço despenca;

4 = nenhum movimento.

NT = Amputação ou fusão articular, explique: ______________________________

5a) Braço esquerdo

5b) Braço direito

Motor para pernas (extensão a 30º em posição supina por cinco segundos):

0 = sem queda; mantém a perna a 30º por cinco segundos completos;

1 = queda; mantém a perna a 30º, porém esta apresenta queda antes dos cinco segundos completos; não toca a cama ou outro suporte;

2 = algum esforço contra a gravidade; a perna não atinge ou não mantém 30º, cai na cama, mas tem alguma força contra a gravidade;

3 = nenhum esforço contra a gravidade; perna despenca;

4 = nenhum movimento;

NT = amputação ou fusão articular, explique: ______________________________

6a) Perna esquerda

6b) Perna direita

Ataxia de membros (testes índex-nariz e calcanhar-joelho):

0 = ausente;

1 = presente em um membro;

2 = presente em dois membros;

NT = amputação ou fusão articular, explique: ___________________________

Sensibilidade:

0 = normal; nenhuma perda;

1 = perda sensitiva leve a moderada; a sensibilidade, ao beliscar, é menos aguda ou diminuída do lado afetado, ou há uma perda da dor superficial ao beliscar, mas o paciente está ciente de que está sendo tocado;

2 = perda da sensibilidade grave ou total; o paciente não sente que está sendo tocado;

Melhor linguagem (descrever e nomear itens):

0 = sem afasia; normal;

1 = afasia leve a moderada; alguma perda óbvia da fluência ou dificuldade de compreensão, sem limitação significativa das ideias de expressão ou forma de expressão. A redução do discurso e/ou compreensão, entretanto, dificultam ou impossibilitam a conversação sobre o material fornecido. Por exemplo, na conversa sobre o material fornecido, o examinador pode identificar figuras ou itens da lista de nomeação a partir da resposta do paciente;

2 = afasia grave; toda a comunicação é feita a partir de expressões fragmentadas; grande necessidade de interferência, questionamento e adivinhação por parte do ouvinte. A quantidade de informação que pode ser trocada é limitada; o ouvinte carrega o fardo da comunicação. O examinador não consegue identificar itens do material fornecido a partir da resposta do paciente;

3 = mudo, afasia global; nenhuma fala útil ou compreensão auditiva;

Disartria:

0 = normal;

1 = disartria leve a moderada; paciente arrasta pelo menos algumas palavras, e na pior das hipóteses, pode ser entendido, com alguma dificuldade;

2 = disartria grave; fala do paciente é tão empastada que chega a ser ininteligível, na ausência de disfasia ou com disfasia desproporcional, ou é mudo/anártrico;

NT = intubado ou outra barreira física; explique ___________________________

Extinção ou desatenção:

0 = nenhuma anormalidade;

1 = desatenção visual, tátil, auditiva, espacial ou pessoal, ou extinção à estimulação simultânea em uma das modalidades sensoriais;

2 = profunda hemidesatenção ou hemidesatenção para mais de uma modalidade; não reconhece a própria mão e se orienta somente para um lado do espaço.

2.3 ACIDENTE VASCULAR ENCEFÁLICO ISQUÊMICO (AVEi)

O AVEi é caracterizado como um *deficit* neurológico focal decorrente de um infarto no parênquima encefálico, que corresponde às áreas do telencéfalo, diencéfalo, tronco cerebral ou cerebelo. Na maioria dos casos, é resultado da oclusão de uma artéria de pequeno ou médio calibre, a qual pode advir de uma etiologia embólica (um trombo, proveniente de algum sítio extraencefálico, viaja pela circulação sistêmica até ocluir alguma artéria cerebral) ou aterotrombótica (o trombo é formado sobre a placa ateromatosa na artéria ocluída).

O fator de risco mais expressivo para o surgimento de um AVEi é a hipertensão arterial sistêmica (HAS), em especial a hipertensão sistólica no idoso, por predispor a formação de fibrilação atrial (FA), infarto agudo do miocárdio (IAM) e cardiopatia dilatada. Ademais, a hipertensão prolongada auxilia na gênese de placas ateroscleróticas nas artérias carótidas.

É possível dividir os tipos de AVEi pela origem do trombo responsável pelo evento isquêmico em AVEi cardioembólicos, arterioembólicos e aterotrombóticos.

AVEi cardioembólicos: geralmente são decorrentes de condições cardíacas preexistentes que geram estase atrial, que propicia a trombogênese em alguma das câmaras do coração, como a fibrilação atrial e o infarto de parede anterior.

AVEi arterioembólicos: são causados por um trombo gerado nas artérias carótidas, na bifurcação carotídea ou nas artérias vertebrais, que viaja até se alojar em alguma artéria cerebral, geralmente a média.

AVEi aterotrombóticos: ocorrem em grandes ou médias artérias e são restritos aos indivíduos maiores de 50 anos e com fatores de risco para aterosclerose (HAS, DM, DLP, tabagismo, síndrome metabólica etc.) e acomete geralmente a carótida interna e o sifão carotídeo, seguido do segmento distal da artéria vertebral e na sua junção com a basilar, sendo menos comum em artérias intracerebrais.

Quadro clínico

O quadro clínico dos AVEi envolve um *deficit* neurológico focal dependente do território da artéria acometida, causado por áreas de isquemia e necrose cerebral e áreas circundantes de circulação colateral com função comprometida (zona de penumbra), que pode ser recuperada caso se restabeleça o fluxo sanguíneo adequado. Os principais sítios de acometimento envolvem a artéria cerebral média, a artéria cerebral anterior e a artéria cerebral posterior.

AVEi de Artéria Cerebral Média (ACM)

Pela irrigação frontoparietal da ACM, áreas importantes referentes ao processamento motor, sensitivo e de linguagem podem ser prejudicadas em um evento isquêmico. Em AVEi do lobo frontal, ocorre apraxia de membro superior contralateral, ou seja, há um *deficit* de realização do movimento nessa parte, embora a força muscular esteja preservada pela função cerebelar. Por exemplo, após a recuperação da força, o paciente ainda não consegue segurar objetos ou digitar no celular, resultado da lesão ao córtex pré-motor, que coordena os movimentos do hemicorpo contralateral.

Em contrapartida, no AVEi parietotemporal não há *deficit* neurológico na função motora, uma vez que o córtex motor não é localizado nessa área, o que torna mais difícil para o clínico identificar esse *deficit* no indivíduo. Sua característica principal é a presença da afasia de Wernicke, causada pela lesão isquêmica da área de Wernicke, responsável pela compreensão da linguagem. Essa condição é caracterizada por respostas completamente sem nexo com o que é perguntado ao paciente, muito embora sua fala não apresente problemas de fluidez e fluência, criando palavras e expressões inexistentes. A afasia de condução também é bastante comum nesses casos, em que as fibras de condução entre as áreas de Wernicke e Brocca são lesionadas, causando discurso desconexo e inabilidade de repetir palavras, embora preserve a capacidade de compreensão do paciente.

No que se refere às lesões de lobo parietal, é comum o acometimento de funções sensoriais e associativas, causando astereognosia (incapacidade de reconhecer um objeto pelo tato de olhos fechados), apraxia ideomotora (incapacidade de realizar movimentos imaginários como escovar os dentes), síndrome de Gerstmann (lesão do córtex associativo geral), heminegligência (incapacidade reconhecer seu lado esquerdo do corpo — AVEi comprometendo o lobo parietal direito), anosognosia (incapacidade de saber se o seu lado esquerdo está paralisado), apraxia constitucional (incapacidade de desenhar/montar figuras geométricas), apraxia de se vestir e amusia (incapacidade de reconhecer músicas e melodias).

AVEi de Artéria Cerebral Anterior (ACA)

A ACA consegue irrigar, por intermédio de seus ramos, a porção interior da cápsula interna e a cabeça do núcleo caudado. Além disso, seus ramos irrigam partes do córtex motor piramidal e do córtex sensorial dos membros inferiores, importantes para o controle esfincteriano e, também, áreas cognitivas superiores, responsáveis pelo planejamento, julgamento, comportamento, raciocínio e iniciativa.

O quadro clínico gerado por um AVEi de ACA envolve monoplegia/paresia e apraxia de membros inferiores contralateralmente à lesão, com possibilidade de extensão para os membros superiores, além de monoanestesia/parestesia contralaterais, reflexos primitivos bilaterais (preensão, palmomentoniano, sucção, Babinski), paratonia contralateral, descontrole esfincteriano e apraxia de marcha.

AVEi da artéria cerebral posterior (ACP)

Bifurcada no território da artéria basilar, a artéria cerebral posterior irriga e nutre as áreas do lobo temporal medial (incluindo o hipocampo) e do lobo occipital, gerando principalmente repercussões oculares como hemianopsia isolada (*deficit* óptico em algum dos quatro quadrantes do campo óptico) e amaurose.

Diagnóstico e tratamento

O diagnóstico de AVEi é feito a partir de um exame clínico bem feito, com coleta da história clínica do paciente e raciocínio clínico voltado para a suspeita de AVEi em pacientes que apresentem *deficit* neurológico focal, com a neuroimagem por tomografia computadorizada (TC) para excluir diagnóstico diferencial de AVEh. A glicemia capilar do paciente também deverá ser coletada, uma vez que uma crise hipoglicêmica apresenta clínica parecida com a de um AVEi, necessitando investigação.

Em casos de admissão na emergência antes das primeiras 24 horas de sintomas, a área de oclusão não irá aparecer na neuroimagem, sendo necessária a repetição da TC nas próximas 24 a 72 horas para visualização adequada da área danificada. Técnicas não invasivas como angio-TC e angio-RM são utilizadas para avaliar o fluxo sanguíneo em casos de aterotrombose carotídea, vertebrobasilar e intracraniana.

Sobre o tratamento, é necessário ter em mãos a TC de crânio, descartando AVEh e confirmando AVEi, além de exames laboratoriais como hemograma, plaquetas, tempo de protrombina (TAP) e tromboplastina (TTPa), uréia, creatinina, lipidograma, reações para sífilis e doença de chagas. Ultrassom dos vasos cervicais, RX de tórax, ECG, pesquisa de hipercoaguabilidade, de hiper-homocisteinemia, ecocardiograma transesofágico e estudos de angiografia por TC ou RNM podem ser pedidos, conforme necessidade.

É necessária a estabilização clínica do paciente nos cuidados de fase aguda, com controle da pressão arterial, glicemia, temperatura e respiração. Em particular, a pressão deve ser mantida elevada (em torno de 160/100), em virtude da redução da pressão ser prejudicial para a circulação colateral que nutre a zona de penumbra, sob risco de estender a porção de tecido cerebral isquemiado. Entretanto, não deve-se manter níveis de PA extremamente elevados, sob risco de transformação hemorrágica da circulação colateral (as artérias se rompem, gerando um AVEh) ou encefalopatia hipertensiva.

Em caso de edema cerebral pós-AVEi, é necessário tratar em vista do aumento da pressão intracraniana e risco de herniação cerebral. São empregadas soluções salinas hipertônicas com manitol como ponte para abordagem cirúrgica (quando indicada), além de medidas gerais como elevação da cabeça em 30º e tratamento para dor, febre e agitação.

Por fim, o tratamento específico para a isquemia cerebral compreende o uso de agentes trombolíticos na fase aguda do AVEi, que desobstruem a artéria e restabelecem o fluxo sanguíneo. O mais comum e que demonstrou benefício nas primeiras 4,5 horas no estudo do *National Institute of Neurological Disorders and Stroke* (NINDS) é a Alteplase (rt-PA). Contudo, é necessário um rigoroso controle de condições vitais do paciente, além de consultar as possíveis contraindicações para o uso da alteplase, pelo risco de transformação hemorrágica após o uso.

Critérios de inclusão para tratamento com rt-PA:

idade: >18 anos;

diagnóstico de AVEi confirmado;

início dos sintomas dentro da janela de tempo (4h30min);

área de acometimento < ⅓ do território cerebral;

ausência de sangramento;

NIHSS > 4, exceto afasia.

Critérios de exclusão para tratamento com rt-PA:

melhora clínica completa;

presença de hemorragia intracraniana;

PAS > 185mmHg sustentada ou PAD > 110mmHg;

hemorragia gastrointestinal ou geniturinária nos últimos 21 dias;

varizes esofagianas;

TTPa alargado ou TP prolongado (> 15 s);

uso de anticoagulantes orais com INR > 1,7;

contagem de plaquetas < 100.000;

glicose sérica < 50 mg/dL ou > 400 mg/dL;

histórico de traumatismo craniano ou AVEi nos últimos três meses;

IAM nos últimos três meses;

cirurgia de grande porte nos últimos 14 dias;

punção arterial ou venosa em sítio não compressível nos últimos sete dias;

TC com sinais de envolvimento de mais de ⅓ do território da ACM a tomografia inicial;

crise convulsiva precedendo ao aparecimento do AVE;

pericardite ativa, endocardite, êmbolo séptico;

abortamento recente, gravidez e puerpério.

2.4 HEMORRAGIA SUBARACNÓIDEA (HSA)

A HSA espontânea é um tipo de acidente vascular encefálico hemorrágico resultante do sangramento no espaço subaracnóide, geralmente por ruptura de um aneurisma. Corresponde de 10% a 15% dos eventos cerebrovasculares em escala mundial, com mortalidade de 30% a 50% nos próximos 30 dias e 80% de chances de alguma morbidade adquirida.

Entre os fatores de risco envolvidos no surgimento de uma HSA, estão a hipertensão, o tabagismo e o etilismo, além de fatores não modificáveis como histórico familiar e doenças do tecido conjuntivo como doença renal policística, neurofibromatose tipo 1, neoplasia endócrina múltipla tipo 1, pseudoxantoma elástico e teleangiectasia hemorrágica hereditária.

A principal etiologia para HSA é a rotura de aneurismas saculares, que são dilatações segmentares em uma artéria, neste caso intracraniana, e geralmente localizados nas artérias comunicantes e na bifurcação do tronco da ACM. São formados durante a vida adulta, com origem controversa, e geralmente são assintomáticos antes de se romperem. O risco de rotura dos aneurismas saculares é proporcional ao tamanho, sendo baixo nos menores que 1 centímetro e alto nos maiores que 1 centímetro.

Sobre a evolução prognóstica da hemorragia subaracnóidea, é constatado que há uma relação entre o nível de sangue extravasado para o espaço extravascular e o risco de desenvolvimento de vasoespasmos, que são diretamente relacionados com a progressão da isquemia cerebral em 19% a 46% dos pacientes, e, consequentemente, com a piora do *deficit* neurológico e do prognóstico. A escala de Fisher (Tabela 2) consegue dividir em cinco grupos conforme a quantidade de sangue presente no espaço subaracnóide e presença ou não de escape para o espaço interventricular, ambos observáveis pela tomografia computadorizada de crânio.

Tabela 2 – Escala de Fisher Revisada

Grau 0	Sem HSA[1] ou HIV[2]
Grau 1	HSA mínimo e sem HIV em qualquer ventrículo
Grau 2	HSA mínimo com HIV em ambos os ventrículos
Grau 3	HSA abundante e ausência de HIV em quaisquer ventrículos
Grau 4	HSA abundante e presença de HIV em ambos os ven

Fonte: Oliveira, 2011

Quadro Clínico

A manifestação mais comum de um HSA é a cefaleia severa de início súbito, que atinge seu ápice de segundos a minutos e é o único sinal em ⅓ dos casos. Sintomas associados incluem perda de consciência, náusea, vômitos, sinais neurológicos focais e convulsões. A hemorragia de fundo de olho (sub-hialóide) e o papiledema podem ser identificados em alguns casos por fundoscopia (marcadores de mau prognóstico da doença).

Pelo seu nível de imprevisibilidade e agudização, a HSA pode gerar complicações graves que podem levar o paciente ao óbito, como ressangramento cerebral, hidrocefalia hiperbárica, espasmo vascular cerebral e hiponatremia.

Diagnóstico e Tratamento

O diagnóstico da HSA é feito por TC sem contraste, que mostra o sangue no espaço subaracnóideo, perdendo a qualidade conforme o tempo passa, sendo 95% a sensibilidade do exame nas primeiras 72h do evento, que diminui para 60% no quinto dia de sintomas.

---

[1] HSA: hemorragia subaracnóide

[2] HIV: hemorragia interventricular

Uma vez que a TC negative e a suspeita clínica continue forte, está indicada a realização de punção lombar em busca de xantocromia (líquor amarelado), forte indicador de HSA pois a cor amarela é resultado da presença de bilirrubina, produto de degradação da hemoglobina. Líquor sanguinolento também pode ser indicativo de HSA, como também pode ser resultado de trauma durante a punção.

O próximo passo, uma vez confirmada a hipótese diagnóstica de hemorragia subaracnóidea, é realizar uma RNM com a angiografia, em caso de suspeita de rotura de aneurisma, ou um estudo de carótidas em caso de suspeita de fístulas ou malformação arteriovenosa (MAV).

O tratamento consiste em melhorar as condições clínicas do paciente para realizar a cirurgia vascular de correção do aneurisma roto, sob perigo de vasoespasmo decorrente do efeito compressivo que a massa sanguínea realiza no encéfalo e ressangramento. Medidas associadas com a melhora da cefaleia, edema cerebral, convulsões, distúrbios eletrolíticos, complicações cardíacas, gastrointestinais e respiratórias também são feitas.

Para a exclusão do aneurisma, tanto a técnica endovascular quanto a cirúrgica estão disponíveis, sendo a endovascular o tratamento de primeira escolha. Em caso de impossibilidade de ressecção do aneurisma, é possível clipá-lo para reduzir o contato da corrente sanguínea com a parede arterial defeituosa, além do uso de nimodipino 21 dias como tratamento farmacológico para a redução de isquemia tardia.

2.5 HEMORRAGIA INTRACEREBRAL PARENQUIMATOSA (HIP)

A HIP é um tipo de AVEh que ocorre dentro do parênquima encefálico, como o nome sugere, e é responsável por cerca de 10% a 20% dos AVE em geral, sendo mais prevalente em homens, idosos e afrodescendentes, hispânicos, latinos e asiáticos em relação à população caucasiana. Sua mortalidade chega a 45% em 30 dias e sobe para 63,6% em um ano do evento.

Os fatores de risco que precipitam a formação de uma HIP incluem HAS, angiopatia amilóide, tabagismo, etilismo, coagulopatias, uso constante de simpatomiméticos, obesidade, perfil lipídico e fatores genéticos.

Pode ser classificada em tipo primário (80% dos casos) e secundário (20%) com base na etiologia do sangramento, que advém da ruptura do vaso danificado por HAS ou angiopatia amilóide na HIP primária, enquanto ruptura e sangramento de aneurismas ou MAV, anticoagulação oral, drogas antiplaquetárias, coagulopatias, cirrose hepática, vasculites, neoplasias, trauma, trombose venosa central (TVC), eclâmpsia e doença de Moya-Moya definem o tipo secundário.

Quadro clínico

Normalmente a HIP não se manifesta dolorosamente, ao contrário da HSA. Entretanto, está presente o *deficit* neurológico focal de maneira súbita e progressiva (hemiparesia, hipoestesia, unilateral, hemianopsia, afasia, parestesia etc.), podendo estar acompanhado de vômitos e cefaleia (irritação meníngea), sendo necessária a realização de um exame de neuroimagem para definir o diagnóstico, além da aplicação da escala de Glasgow e da NIHSS para definir a gravidade e a extensão do *deficit* neurológico.

O prognóstico de um paciente com HIP não é definido e é extremamente dependente de fatores como volume da hemorragia (> 30 cm^3 indica prognóstico ruim), rebaixamento do nível de consciência, sangramento intraventricular, idade avançada e localização infratentorial do sangramento. É estimado que cerca de 30% a 50% dos pacientes com HIP evoluam para óbito nos primeiros 30 dias pós-evento.

Pela letalidade do evento, é utilizada uma escala (Escore de CIH), que varia de zero a seis, para avaliar o prognóstico de hemorragia intraparenquimatosa de forma prática e fácil. Pacientes que possuem escore igual ou maior que quatro apresentam mortalidade de praticamente 100% em 30 dias, diminuindo progressivamente conforme diminui o escore. Em até dois anos após o evento a mortalidade flutua de 60% a 80% e somente um em cada cinco pacientes recuperam totalmente a independência funcional em seis meses.

Diagnóstico e tratamento

O exame padrão ouro para detectar hemorragia intraparenquimatosa é a TC de crânio sem contraste, que possui elevada sensibilidade para diferenciar os tipos de HIP, que podem ser lobares, profundas e de fossa posterior. Caso a hemorragia intracerebral esteja localizada nos núcleos da base, é altamente provável que a etiologia da HIP seja hipertensiva, enquanto HIP de angiopatia amilóide geralmente é localizada nas regiões lobares e HIP secundária pode apresentar vazamento de fluidos para o espaço subaracnóide ou ser acompanhada de fluidos e contusões associadas.

Em caso de paciente atípico para o diagnóstico de HIP (< 45 anos), é recomendável realizar estudo angiográfico em busca de fístulas, aneurismas, MAV, trombose de seio venoso e/ou vasculites. Esse estudo pode ser feito por angiografia convencional ou por métodos menos invasivos como angio-TC ou angio-RNM para análise de trombose de seio venoso como causa de HIP.

Sobre o tratamento, não existe algo específico na medicina para tratar HIP, sendo mais comum o controle das funções vitais do paciente como vias aéreas, parâmetros respiratórios e hemodinâmicos, temperatura e detecção de sinais neurológicos focais. O paciente, após confirmação de HIP pelo exame de neuroimagem, deve ser encaminhado para a UTI e monitorizado para prevenir casos de emergências hipertensivas, aumento da PIC e necessidade de suporte respiratório invasivo.

Referências

BRASIL, Ministério da Saúde. Banco de dados do Sistema Único de Saúde--DATASUS. Disponível em: http://www.datasus.gov.br. Acesso em: 14 dez. 2022.

HAUSER, Stephen; JOSEPHSON, Scott. *Neurologia clínica de Harrison*. 3. ed. Porto Alegre: AMGH Editora, 2015, 720 p.

LOCATELLI, Matheus Curcio; FURLANETO, Artur Fernandes; CATTANEO, Talita Nogarete. Perfil epidemiológico dos pacientes com acidente vascular cerebral isquêmico atendidos em um hospital. *Revista da Sociedade Brasileira de Clínica Médica*, São Paulo, v. 15, n. 3, p. 150-154, 2017.

MOORE: Keith L. *Anatomia orientada para a clínica*. 7. ed. Rio de Janeiro: Guanabara Koogan, 2014.

NETO, Brasil; PEREIRA, Joaquim. *Tratado de neurologia da Academia Brasileira de Neurologia*. 2. ed. Rio de Janeiro: Elsevier, 2019.

OLIVEIRA, Arthur Maynart Pereira *et al*. Avaliação prognóstica com escala de Fisher modificada em pacientes com hemorragia subaracnóidea. *Arquivos de Neuro-Psiquiatria*, São Paulo, v. 69, p. 910-913, 2011.

POWERS, William J. *et al*. Guidelines for the early management of patients with acute ischemic stroke: 2019 update to the 2018 guidelines for the early management of acute ischemic stroke: a guideline for healthcare professionals from the American Heart Association/American Stroke Association. *Stroke*, Dallas, v. 50, n. 12, p. e344-e418, 2019.

SOUZA, Carlos Dornels Freire de *et al*. Cerebrovascular disease mortality trend in Brazil (1996 to 2015) and association with human development index and social vulnerability. Arq. Bras. Cardiol., São Paulo, v. 116, n. 1, p. 89-99, 2021.

3. CEFALEIAS PRIMÁRIAS

Luís Miguel Moraes Araújo

3.1 INTRODUÇÃO E EPIDEMIOLOGIA

A cefaleia é um sintoma muito frequente na população mundial, afetando até 90% dos indivíduos durante sua vida. Faz-se presente no cotidiano dos ambulatórios, na atenção básica, e em serviços de urgência e emergência.

As cefaleias podem ser divididas em primárias e secundárias. Cefaleias primárias consistem em episódios de dor de cabeça que não são causadas por outras comorbidades e que aparentam possuir importante caráter genético, sendo as principais classificadas em: migrânea, cefaléia do tipo tensional (CTT), cefaleias trigeminoautonômicas (CTAs). Dentre essas, a CTT é a mais prevalente, afetando por volta de 38% da população.As cefaleias secundárias, por sua vez, são causadas por condições subjacentes, como a cefaléia induzida por álcool, por supressão de cafeína, por meningite viral etc.

3.2 QUADRO CLÍNICO

A migrânea, a CTT e a cefaléia em salvas constituem a maioria dos casos de cefaléia nos atendimentos. O diagnóstico das cefaleias é eminentemente clínico, e o examinador deve se guiar pela duração da dor de cabeça, localização, intensidade e característica.

3.3 MIGRÂNEA

A migrânea, também conhecida como enxaqueca, pode ser dividida em migrânea sem aura, migrânea com aura, e migrânea crônica, além de outras classificações abordadas mais detalhadamente na terceira edição da *Classificação Internacional das Cefaleias*

(ICHD-3). Frequentemente, a migrânea se apresenta como uma dor de cabeça unilateral, pulsátil, moderada ou forte, exacerbada por atividade física e associada com náusea, fotofobia ou fonofobia.

Os ataques de enxaqueca podem progredir, embora não sempre, a partir de quatro fases principais: prodrômica, aura, cefaleia e pósdromo. Os sintomas prodrômicos podem começar até dois dias antes da cefaleia, podendo incluir combinações de fadiga, rigidez cervical, sensibilidade a luz e/ou som, náusea, dificuldade de concentração, visão borrada, palidez, irritabilidade, desânimo e avidez por certos alimentos. Sintomas posdrômicos estão presentes por até dois dias após a resolução da cefaleia, e incluem cansaço, dificuldade de concentração e rigidez cervical, sendo que alguns pacientes precisam de repouso para completo restabelecimento.

A aura pode ser definida como o conjunto de sintomas neurológicos reversíveis que precedem ou acompanham a crise de migrânea. As apresentações mais frequentes são os distúrbios visuais (figuras em zigue-zague, escotomas, pontos fosfenos), seguidos por distúrbios sensoriais como parestesias unilaterais que se movem gradualmente a partir de um ponto, bem como sensação de dormência. Sintomas como disfasia, diplopia, zumbido e hemiparesia também são possíveis.

3.4 CEFALEIA DO TIPO TENSIONAL (CTT)

A CTT é a cefaleia mais comum na população, sendo o segundo distúrbio mais prevalente do mundo. Sua apresentação típica são ataques de dor de cabeça em aperto ou pressão, leve ou moderada intensidade, e bilateral. A dor pode melhorar com atividade física, ou simplesmente não piorar. Não está associada a vômitos, mas fotofobia e/ou fonofobia podem estar presentes. Hiperestesia e hipertonia dos músculos pericranianos podem estar presentes, percebidos com a palpação.

A CTT pode se apresentar como episódica infrequente, episódica frequente e crônica. A CTT episódica frequente apresenta os mesmos critérios que a CTT episódica infrequente, a diferença sendo que os episódios de cefaleia na CTT frequente ocorrem, em média, de 1 a 14 dias por mês ao longo de três meses ou mais. A CTT crônica possui características semelhantes, mas com uma média igual ou superior a 15 dias por mês ao decorrer de três meses ou mais. Está associada ao uso crônico de medicamentos, depressão e ansiedade.

Vale ressaltar que manter um diário diagnóstico de cefaleia é fundamental para que o paciente possa registrar as características, tempo e intensidade de sua dor, já que condições como CTT episódica frequente e migrânea sem aura podem coexistir. Com isso, o correto diagnóstico e, consequentemente, o correto tratamento para cada tipo de cefaleia pode ser realizado, evitando-se o uso excessivo ou até desnecessário de medicamentos.

3.5 CEFALEIA EM SALVAS

A cefaleia em salvas é a CTA mais frequente, caracterizada por crises que ocorrem em dias intercalados ou até oito vezes no mesmo dia (período de salvas ou surtos). Esses períodos de salvas podem durar até três meses, seguidos por longo tempo sem novas crises. As crises duram por volta de 15 a 180 minutos, com dores unilaterais, excruciantes e sintomas autonômicos, como lacrimejamento, congestão nasal, rinorreia, miose, ptose, edema palpebral, sudorese facial e frontal, e hiperemia conjuntival. A dor pode acometer a região orbital, supraorbital, temporal, ou uma combinação dessas áreas, sendo tão intensa que o paciente fica incapaz de se deitar, e fica andando de forma inquieta (*pacing*).

3.6 DIAGNÓSTICO

Critérios para migrânea sem aura:

A. ao menos cinco crises preenchendo os critérios de B a D;

B. crises de cefaleia durando 4-72 horas (sem tratamento ou com tratamento ineficaz);

C. a cefaleia possui ao menos duas das seguintes características: 1) localização unilateral; 2) caráter pulsátil; 3) intensidade da dor moderada ou forte; 4) exacerbada por ou levando o indivíduo a evitar atividades físicas rotineiras (por exemplo: caminhar ou subir escadas);

D. durante a cefaleia, ao menos um dos seguintes: 1) náusea e/ou vômito; 2) fotofobia e fonofobia;

E. não melhor explicada por outro diagnóstico da ICHD-3.

Critérios para migrânea com aura:

A. ao menos duas crises preenchendo os critérios B e C;

B. um ou mais dos seguintes sintomas de aura plenamente reversíveis: 1) visual; 2) sensorial; 3) fala e/ou linguagem; 4) motor; 5) tronco cerebral; 6) retiniano;

C. ao menos três das seis seguintes características: 1) ao menos um sintoma de aura alastra-se gradualmente por ≥ 5 minutos; 2) dois ou mais sintomas de aura ocorrem em sucessão; 3) cada sintoma de aura individual dura 5-60 minutos; 4) ao menos um sintoma de aura é unilateral; 5) ao menos um sintoma de aura é positivo; 6) a aura é acompanhada, ou seguida dentro de 60 minutos, por cefaleia;

D. não melhor explicada por outro diagnóstico da ICHD-3.

Critérios para cefaleia crônica:

A. cefaleia (migrânea símile ou do tipo tensão símile) em ≥ 15 dias por mês por > três meses e preenchendo os critérios B e C;

B. Ocorrendo em um paciente que tenha apresentado ao menos cinco crises preenchendo os critérios B-D para migrânea sem aura e/ou os critérios B e C para migrânea com aura;

C. Em ≥ 8 dias/mês por > 3 meses, preenchendo qualquer dos seguintes: 1) critérios C e D para migrânea sem aura; 2) critérios B e C para migrânea com aura; ou 3) interpretada pelo paciente como sendo migrânea no início e aliviada por um triptano ou derivado do ergot;

D. não melhor explicada por outro diagnóstico da ICHD-3.

Critérios para CTT episódica infrequente:

A. ao menos dez episódios de cefaleia ocorrendo em < 1 dia/mês em média (< 12 dias/ano) e preenchendo os critérios B-D;

B. duração de 30 minutos a sete dias;

C. ao menos duas das quatro seguintes características: 1) localização bilateral; 2) qualidade em pressão ou aperto (não pulsátil); 3) intensidade fraca ou moderada; 4) não agravada por atividade física rotineira como caminhar ou subir escadas;

D. ambos os seguintes: 1) ausência de náusea ou vômitos; 2) não mais que um dos seguintes: fotofobia ou fonofobia;

E. não melhor explicada por outro diagnóstico da ICHD-3.

Critérios para CTT crônica:

A. cefaleia ocorrendo em média em ≥ 15 dias/mês, por > 3 meses (≥ 180 dias/ano), preenchendo os critérios B-D;

B. duração de horas a dias, ou sem remissão;

C. ao menos duas das quatro seguintes características: 1) localização bilateral; 2) qualidade em pressão ou aperto (não pulsátil); 3) intensidade fraca ou moderada; 4) não agravada por atividade física rotineira como caminhar ou subir escadas;

D. ambos os seguintes: 1) não mais que um dos seguintes: fotofobia, fonofobia ou náusea leve; 2) ausência de náusea moderada ou intensa ou de vômitos;

E. não melhor explicada por outro diagnóstico da ICHD-3.

Critérios para cefaleia em salvas:

A. ao menos cinco crises preenchendo os critérios B-D;

B. dor forte ou muito forte unilateral, orbital, supraorbital e/ou temporal, durando 15-180 minutos (quando não tratada);

C. um dos ou ambos os seguintes: 1) ao menos um dos seguintes sintomas ou sinais, ipsilaterais à cefaleia: a. injeção conjuntival e/ou lacrimejamento; b. congestão nasal e/ou rinorreia; c. edema palpebral; d. sudorese frontal e facial; e. miose e/ou ptose; 2) sensação de inquietude ou de agitação;

D. ocorrendo com uma frequência entre uma a cada dois dias e oito por dia;

E. não melhor explicada por outro diagnóstico da ICHD-3.

3.7 AVALIAÇÃO INICIAL

Em situações de emergência, o correto diagnóstico deve ser feito prontamente pelo médico, especialmente a diferenciação entre as cefaleias primárias, de menor risco, e as secundárias, que podem ter como causa outras comorbidades de alto risco para a vida do paciente. A falha no reconhecimento de situações graves pode gerar consequências permanentes, como perda de visão, *deficit* neurológico e morte.

Primeiramente, o paciente deve ter seus sinais vitais avaliados e estabilidade clínica garantida. A anamnese e o exame físico são os próximos passos para o reconhecimento de sinais de alerta e para a avaliação da necessidade de exames complementares. O tratamento sintomático deve ser simultâneo à investigação.

Os exames complementares (ressonância magnética, tomografia computadorizada, punção lombar etc.) devem ser direcionados de acordo com a suspeita clínica, e sua necessidade é determinada pela presença de sinais de alerta.

Os principais elementos de risco na história são: mudança no padrão da crise, cefaleia intensa de início súbito, imunossupressão prévia, dor desencadeada por exercício, infecção concomitante, estado mental alterado, convulsão, idade > 50 anos, gestação e puerpério. Já os achados de alarme no exame físico são: sinais de toxemia, meningismo, sinais neurológicos focais, fundo de olho alterado e sinais vitais alterados.

3.8 TRATAMENTO

Migrânea

Se a crise tiver duração < 72 horas:

1) em pacientes com migrânea, o tratamento deve ser feito preferencialmente em um lugar silencioso e com menor luminosidade;

2) hidratação adequada por expansão volêmica são recomendados, caso não haja contraindicações;

3) o tratamento medicamentoso deve ser feito preferencialmente por via parenteral, e envolve a administração de dimenidrinato intravenoso ou intramuscular (ambos em caso de náuseas/vômitos ou uso prévio de medicações), dipirona ou paracetamol e cetoprofeno ou diclofenaco. Se não houver melhora em 1 hora, prescrever sumatriptano subcutâneo, repetindo a dose, se necessário, em 2 horas.

4) se houver melhora, acompanhar ambulatorialmente. Se não, encaminhar para avaliação com neurologista.

Se a crise tiver duração >72 horas:

1) tratamento da crise como citado anteriormente associado a dexametasona intravenosa;

2) se não melhorar com dexametasona e estiver na urgência da UBS, encaminhar o paciente para uma Unidade de Pronto Atendimento (UPA), onde deverá ser prescrito: clorpromazina intramuscular. Se a dor permanecer em 1 hora, repetir clorpromazina por até três vezes, no máximo.

3) Se não houver melhora da dor após as três doses de clorpromazina, encaminhar paciente para hospital terciário, onde será realizada avaliação por neurologista e tomada conduta específica.

4) Os pacientes e suas famílias devem ser orientados desde sua chegada sobre a gravidade do quadro. Orientação para se evitar fatores de gatilho e quanto ao abuso de medicamentos também são importantes.

O tratamento profilático está indicado apenas para pacientes com quatro a cinco episódios/mês não incapacitantes, três pouco incapacitantes ou dois incapacitantes. Também é indicado para pacientes cujo tratamento agudo não é eficiente, contraindicado, ou por preferência do paciente. Podem ser usadas doses diárias de: beta-bloqueadores (bisoprolol, metoprolol, propranolol), antidepressivos tricíclicos (amitriptilina, nortriptilina), antiepilépticos (valproato ou divalproato de sódio, topiramato) ou bloqueadores dos canais de cálcio (verapamil, flunarizina).

Cefaleia do Tipo Tensional

Prescrição de analgésicos (paracetamol, dipirona) e/ou anti-inflamatórios não esteroidais (ibuprofeno, diclofenaco, cetoprofeno, naproxeno sódico).

Associações com cafeína aumentam a eficácia analgésica. A maioria das crises é resolvida com uma dose de analgésico comum, sendo a escolha feita de acordo com a experiência anterior do paciente e a tolerância à droga. Se não há resposta em uma ou duas horas com uma medicação, pode-se usar outra.

O tratamento profilático inclui antidepressivos como a amitriptilina, que é eficaz em até 80% dos casos no quarto mês de tratamento, quando sua retirada pode ser considerada.

Assim como na migrânea, os pacientes e suas famílias devem ser orientados desde sua chegada sobre a gravidade do quadro. Orientação para se evitar fatores de gatilho e quanto ao abuso de medicamentos também são importantes.

Cefaleia em salvas

Administrar oxigênio a 100%, em máscara sem recirculação, com fluxo de 10 a 12 L/min durante 20 minutos, ou sumatriptano subcutâneo se disponível. Caso o paciente tenha utilizado algum medicamento vasoconstrictor, o sumatriptano deve ser evitado. Analgésicos comuns e opióides são ineficazes e não devem ser utilizados. A profilaxia inclui verapamil, carbonato de lítio, valproato de sódio ou indometacina, além de outras intervenções mais complexas.

Assim como na migrânea, os pacientes e suas famílias devem ser orientados desde sua chegada sobre a gravidade do quadro. Orientação para se evitar fatores de gatilho e quanto ao abuso de medicamentos também são importantes. Esses pacientes devem ser encaminhados para avaliação com neurologista em nível secundário.

Referências

CUTRER, Fred M.; WIPPOLD, Franz J. II; EDLOW, Jonathan A. *Evaluation of the adult with nontraumatic headache in the emergency department.* Disponível em: https://www. uptodate. com/contents/evaluation-of--the-adult-with-nontraumatic-headache-in-the-emergency-department. Acesso em: 15 nov. 2022.

DIAS, Diogo Stelito Rezende *et al.* Cefaleias primárias: revisão da literatura. *Brazilian Journal of Development,* Curitiba, v. 8, n. 4, p. 24671-24678, 2022.

FAVARATO, Maria Helena Sampaio *et al.* Manual do residente de clínica médica. 3. ed. São Paulo: Manole, 2023

KOWACS, Fernando *et al. Classificação Internacional das Cefaleias.* Tradução da Sociedade Brasileira de Cefaleia com autorização da Sociedade Internacional de Cefaleia Headache Disorders. 3. ed. [*S. l.*: *s. n.*], 2018.

ROBBINS, Matthew. Diagnosis and Management of Headache: a review. *Journal of the American Medical Association,* New York, v. 325, n. 18, p. 1874–1885, 2021 [Internet]. Disponível em: https://jamanetwork.com/journals/jama/article-abstract/2779823. Acesso em: 15 nov. 2022.

SPECIALI, José Geraldo *et al.* Protocolo Nacional para Diagnóstico e Manejo das Cefaleias nas Unidades de Urgência do Brasil - 2018. *Sociedade Brasileira de Cefaleia (SBCe),* São Paulo, v. 1, n. 1, p. 3-14, 2018.

4. EPILEPSIAS

João Pedro Pimentel Abreu

4.1 INTRODUÇÃO E EPIDEMIOLOGIA

De início, é importante diferenciar as crises convulsivas de uma epilepsia propriamente dita. As crises convulsivas são sinais e/ou sintomas transitórios provocados por uma descarga elétrica neuronal anômala, síncrona e excessiva no cérebro. A depender da localização e extensão do processo, uma ampla variação de apresentações clínicas pode ocorrer, desde abalos musculares até experiências somatossensoriais subjetivas (aura), as quais incluem sintomas como zumbido, parestesia e escotomas cintilantes. Já a epilepsia é definida como uma doença caracterizada:

1) pela ocorrência de duas ou mais crises convulsivas não provocadas em um intervalo maior que 24 horas; ou

2) pela ocorrência de uma crise convulsiva em um indivíduo que possui um risco de no mínimo 60% de ter outra convulsão nos próximos dez anos; ou

3) pelo diagnóstico de uma síndrome epiléptica.

Vale ressaltar que os dois critérios utilizados para caracterizar um indivíduo como tendo um risco maior ou igual a 60% de desenvolver uma segunda convulsão nos próximos dez anos são os achados no exame de imagem do cérebro, os quais devem possuir um potencial epileptogênico, e a presença de uma atividade epileptiforme no eletroencefalograma (EEG).

4.2 DIAGNÓSTICO

O diagnóstico da epilepsia é essencialmente clínico, mas o uso de exames complementares, como EEG, RNM e TC de crânio, são de suma importância para a exclusão de diagnósticos diferenciais e contribuem para a classificação da doença de forma adequada.

4.3 CLASSIFICAÇÃO

Existem duas principais classificações para as crises convulsivas: uma básica e uma expandida. A classificação básica leva em consideração a localização do foco epileptogênico, isto é, onde iniciou a descarga neuronal que deu início à crise, se o paciente perdeu a consciência e se o indivíduo apresentou algum sintoma motor.

Quanto à localização da descarga neuronal anômala, as crises convulsivas podem ser focais (apenas um hemisfério cerebral é afetado), generalizadas (ambos os hemisférios são afetados desde o início do quadro) e não classificadas (quando não é possível definir a localização do foco epileptogênico).

Após definir a porção do cérebro afetada pela crise, deve-se definir se o paciente perdeu ou não a consciência. Assim, a crise convulsiva será classificada em perceptiva (quando não há perda de consciência) ou disperceptiva (quando ocorre a perda de consciência). É importante destacar que apenas as crises focais serão caracterizadas como perceptivas ou disperceptivas, uma vez que o termo "generalizado" implica que a consciência foi afetada em tais tipos de crises.

A última característica a ser levada em consideração na classificação básica das crises convulsivas é a presença de sintomas motores. As crises generalizadas ou de início desconhecido podem ser definidas como tônico-clônicas ou motoras. Para as crises focais, o termo "motor" só deve ser utilizado se houver sintomas motores desde o início. Caso a crise focal se torne generalizada e, assim, apresente sintomas motores, ela deve ser classificada como "focal evoluindo para tônico-clônica bilateral". Ademais, caso não haja sintomas motores, a crise focal será classificada como de "início não motor", a generalizada, como "não motora (ausência)" e as de início desconhecido, como "não motoras".

Por fim, as crises convulsivas são consideradas como "não classificadas" quando não há informações suficientes ou é impossível inseri-las nas outras categorias.

Figura 1 – Classificação Básica das Crises Convulsivas

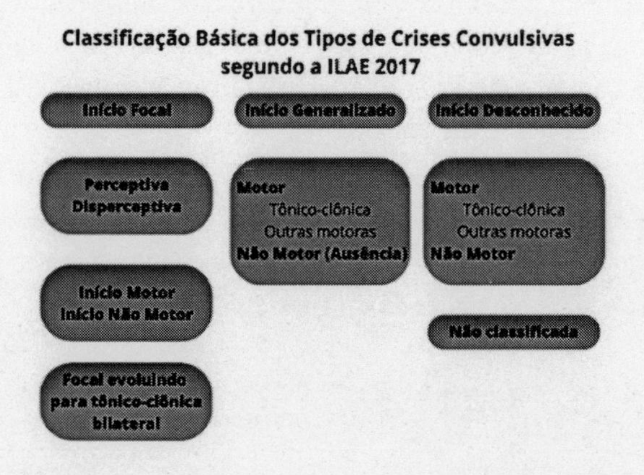

Fonte: Ilae (2017)

Após uma crise convulsiva ser classificada e, se de acordo com os critérios citados anteriormente o indivíduo for considerado com epilepsia, ela deve ser classificada da seguinte forma:

1) de acordo com o tipo de início (focal, generalizada, combinação de focal e generalizada e desconhecida);

2) de acordo com a etiologia;

3) como uma síndrome epiléptica.

Após a definição do tipo de início da epilepsia, então a etiologia deve ser determinada. Quanto à etiologia, a epilepsia pode ser: estrutural, genética, infecciosa, metabólica, imune ou desconhecida.

Uma epilepsia é classificada como estrutural quando o foco epileptogênico está relacionado a algum achado do exame de imagem. Já as epilepsias de etiologia genética são causadas por alterações em genes específicos.

Uma epilepsia é considerada de etiologia infecciosa quando o paciente que teve uma infecção cerebral prévia desenvolve a doença, como na neurocisticercose, na síndrome da imunodeficiência adquirida (aids) e na toxoplasmose cerebral. Ademais, a epilepsia é atribuída a uma causa metabólica quando a alteração metabólica é a causa direta das convulsões, como a epilepsia piridoxina-dependente e deficiência cerebral de folato.

Causas imunológicas de epilepsia incluem doenças autoimunes, como a encefalite límbica mediada por anticorpos. Finalmente, quando não há informações suficientes para determinar a etiologia da epilepsia, ela é classificada como desconhecida.

Figura 2 – Classificação das Epilepsias

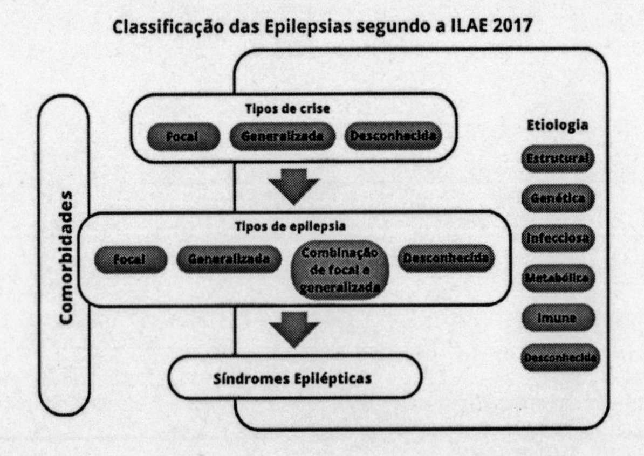

Fonte: Ilae (2017)

4.4 SÍNDROMES EPILÉPTICAS

Uma síndrome epiléptica é o terceiro e último estágio de diagnóstico de uma epilepsia. Para ser considerada uma síndrome, a epilepsia apresentada pelo paciente deve ter uma série de sinais e sintomas, achados nos exames de imagem e no EEG, os quais conferem certa caracterização de acordo com a idade, os desencadeadores das crises e, com frequência, com o prognóstico da doença. A seguir, são descritas brevemente algumas das principais síndromes epilépticas mais relevantes.

Síndrome de West

A síndrome de West é caracterizada por uma tríade composta por espasmos epilépticos que costumam surgir no início do sono ou ao acordar, hipsarritmia no EEG e regressão psicomotora. Um pouco mais de 85% dos pacientes acometidos por essa síndrome apresentam o início dos sintomas na primeira infância.

O tratamento da síndrome de West consiste no uso de hormônios esteroidais, como o hormônio adrenocorticotrófico (ACTH) e o uso de fármacos antiepilépticos, em especial a vigabatrina. Vale ressaltar que essa doença não possui um bom prognóstico, pois grande parte dos pacientes desenvolve *deficit* cognitivo e, caso não haja um tratamento efetivo, pode evoluir para a síndrome de Lennox-Gastaut.

Síndrome de Lennox-Gastaut

Essa síndrome, por sua vez, tem uma tríade sintomatológica clássica caracterizada por múltiplos tipos de convulsões, incluindo tônicas, atônicas, mioclônicas e de ausência atípica, as quais são sutis e costumam surgir durante o sono. No EEG, a presença de descargas difusas do tipo "ponta-onda" menor que 3 Hz caracterizam essa síndrome. Além disso, *deficit* intelectual pode acompanhar o quadro. O início dos sintomas costuma ocorrer entre os três e cinco anos de idade e a grande maioria dos pacientes, como foi citado anteriormente, desenvolve essa doença a partir de um quadro de Síndrome de West.

O tratamento da síndrome de Lennox-Gastaut é incerto e nenhum estudo até o momento demonstrou uma droga que seja altamente eficaz no manejo da doença. Alguns anticonvulsivantes, como a lamotrigina, rufinamida, topiramato e felbamato se mostraram importantes para o controle da síndrome, apesar do uso ser direcionado a pacientes com tipos de crises específicas. Ademais, a realização da ressecção cirúrgica é eficaz no tratamento de caso refratários, em especial quando há crises focais, ou seja, há a presença de uma lesão única ou unilateral.

Epilepsia mioclônica juvenil

A epilepsia mioclônica juvenil é uma das epilepsias generalizadas de causa idiopática/genética mais comuns. Ela é caracterizada, na grande maioria dos casos, por convulsões mioclônicas, mas também pode apresentar-se por meio de convulsões tônico-clônicas generalizadas, de ausência ou até mesmo os três tipos. O início dos sintomas geralmente ocorre em pacientes que estão na fase da adolescência e idade adulta. Além disso, o EEG dos pacientes é caracterizado por complexos ponta-onda difusos, usualmente entre 3.5 e 6 Hz.

Quanto ao manejo, o uso de ácido valpróico ainda é considerado o tratamento de primeira escolha para essa síndrome, uma vez que é eficaz em cerca de 80% dos casos. O levetiracetam e a lamotrigina são alternativas ao tratamento de primeira escolha em mulheres em estado fértil. A maioria dos pacientes pode alcançar um controle completo das crises por meio do uso combinado de fármacos e de um sono adequado.

4.5 TRATAMENTO

O uso das drogas antiepilépticas caracteriza-se como o principal tratamento das epilepsias. A terapia é geralmente indicada quando o diagnóstico de epilepsia é realizado e tem como objetivo assegurar a melhor qualidade de vida possível para os pacientes por meio do máximo controle das convulsões e pela minimização dos efeitos colaterais. Cerca de dois terços dos indivíduos com epilepsia se tornam livres da doença por meio do tratamento com antiepilépticos. Vale ressaltar que a resposta ao tratamento varia de acordo com diferentes fatores, como o tipo de epilepsia, etiologia e frequência de tratamentos prévios.

Uma vez que o tratamento farmacológico deve ocorrer por no mínimo dois anos e, em alguns casos, por toda a vida do paciente, a decisão para o início da terapia requer uma análise cuidadosa pautada nos riscos-benefícios e nas preferências dos familiares. O tratamento é iniciado com doses baixas de antiepilépticos, a menos que um efeito terapêutico imediato seja necessário. A dose deve ser aumentada gradualmente até a menor dose efetiva e que provoque o mínimo de efeitos adversos.

Vale ressaltar que não há uma droga específica que seja ideal para todos os pacientes. Apesar dos antiepilépticos de primeira geração, como carbamazepina e valproato, permanecerem como os fármacos de primeira escolha, a disponibilidade dos novos medicamentos expandiu as possibilidades de realizar o tratamento da forma mais adequada possível. As drogas de segunda geração, como lamotrigina e topiramato, não são necessariamente mais eficazes que os fármacos mais antigos, mas algumas delas oferecem vantagens no que diz respeito a menores interações com outros medicamentos e maior tolerância.

Uma das grandes falhas associadas ao tratamento medicamentoso é o desenvolvimento da chamada epilepsia droga-resistente, a qual é definida como uma falha durante as tentativas de utilizar duas drogas antiepilépticas bem toleradas, escolhidas de forma adequada e seguindo os princípios que norteiam o tratamento contra a epilepsia, a fim de obter sucesso na eliminação das convulsões. A epilepsia droga-resistente está associada a altos índices de invalidez, morbidade e morbimortalidade dos pacientes diagnosticados com a doença.

O tratamento cirúrgico da epilepsia envolve a ressecção ou, de forma menos comum, a desconexão ou destruição do tecido epiléptico e é considerada a forma mais efetiva de tratamento para pacientes com epilepsia droga-resistente selecionados. Diversos exames complementares são realizados com o intuito de identificar o foco epileptogênico — isto é, o mínimo de tecido do córtex cerebral, que ao ser removido, culminará com a eliminação dos sintomas —, além de definir os riscos pós-operatórios.

Referências

FALCO-WALTER, Jessica. Epilepsy-Definition, Classification, Pathophysiology, and Epidemiology. *Seminars in neurology*, New York, v. 40, n. 6, p. 617-623, 2020. DOI: 10.1055/s-0040-1718719.

KATYAYAN, Akshat; DIAZ-MEDINA, Gloria. Epilepsy: Epileptic Syndromes and Treatment. *Neurol Clin.*, Houston, v. 39, n. 3, p. 779-795, 2021. DOI: 10.1016/j.ncl.2021.04.002.

PERUCCA, Piero; SCHEFFER, Ingrid.; KILEY, Michelle. The management of epilepsy in children and adults. *Med J Aust.*, Sydney, v. 208, n. 5, p. 226-233, 2018. DOI: 10.5694/mja17.00951.

SCHEFFER, !ingrid *et al.* ILAE classification of the epilepsies: position paper of the ILAE Commission for Classification and Terminology. *Epilepsia*, Washington, v. 58, n. 4, p. 512-521, 2017. DOI: 10.1111/epi.13709.

5. TRANSTORNOS DA MEMÓRIA E DO INTELECTO

Higor Lucas Borges Pereira

5.1 INTRODUÇÃO

A demência, enquanto transtorno neurológico, não representa uma doença em si, mas uma síndrome clínica, marcada pela deterioração progressiva de funções cognitivas, com prejuízo psicossocial das atividades diárias do indivíduo. O declínio cognitivo advém de danos de células cerebrais e que, por consequência, comprometem dimensões cognitivas, como memória, aprendizado, linguagem, cognição social, domínio perceptual-motor e atenção complexa. Cada processo demencial tem sua etiologia, que impactam sobre os principais aspectos clínicos da demência.

5.2 DOENÇA DE ALZHEIMER

A doença de Alzheimer (DA) é a principal causa de demência do mundo (60% a 80% dos casos). Em linhas gerais, representa a perda progressiva e crônica da função mental, de forte base genética, atrelada à hereditariedade, doenças crônicas (HAS, DM e depressão após a quinta década de vida) e hábitos de vida (sedentarismo, tabagismo e colesterol elevado). O esquecimento gradual, alterações do comportamento e confusões mentais indicam a DA como hipótese diagnóstica. O tratamento é pautado no aumento da função cognitiva e na redução da progressão do comprometimento cognitivo.

Patogenia

A DA surge da degeneração de tecido cerebral, com síntese e aglomeração de placas da proteína beta-amiloide em neurônios, aparecimento de placas neuríticas, formação de tranças neurofibrilares e altos níveis de proteína tau. Todavia, a exata causa da DA ainda precisa ser elucidado.

Quadro clínico

O quadro clínico surge de modo lento e progressivo, com prejuízo de memória e linguagem, comportamento disruptivo, mudanças da personalidade, dificuldade em ações diárias e desorientação. O início dos sintomas é sútil e destaca-se pela dificuldade de formação de novas memórias e esquecimento de eventos recentes.

São sintomas iniciais da DA a simplificação do padrão de fala, alterações na função social e orientação, assim como insônia. Com o avanço da doença, destaca-se progressão do esquecimento sobre memórias antigas, incapacitação gradual e agitação, irritabilidade e agressividade como respostas ao declínio cognitivo. A doença pode culminar em outros eventos patológicos, como desnutrição, infecções e escara, além do alto índice de mortalidade pós-incapacitação sem suporte adequado.

Diagnóstico

O diagnóstico da DA inicia-se na avaliação clínica, com exame físico, teste do estado mental e exames complementares. Os testes neuropsicológicos são importantes para realizar diagnósticos diferenciais e entender o possível processo demencial. Quando confirmado demência, deve-se observar as funções cognitivas mais afetadas e outros sinais, além do início destes (geralmente após os 60 anos) e descartar outros transtornos neuropsiquiátricos como origem do problema. Embora sejam exames de disponibilidade menor, o baixo nível de beta-amiloide em análises do líquido cefalorraquidiano, assim como depósitos cerebrais de proteína tau e beta-amiloide em tomografias por emissão de pósitrons, são achados que podem indicar DA. O diagnóstico é confirmado em análises microscópicas de tecido cerebral, essencial e realizável em autópsias.

Tratamento

O tratamento engloba farmacoterapia e medidas de segurança e apoio do paciente. Em primeira linha, há os inibidores da colinesterase, com moderada melhora das funções cognitivas e destaque para a donepezila. A manutenção terapêutica deve ser feita quando houver melhora funcional do paciente. A memantina, antagonista do receptor N Metil-D-aspartato (NMDA), promove melhora cognitiva em pacientes moderados e graves, podendo ser combinada aos inibidores da colinesterase. Exercícios físicos, estimulação das funções cognitivas e controle de níveis lipídicos e pressóricos são recomendados.

5.3 DEMÊNCIA VASCULAR

A demência vascular é a perda da função mental por destruição do tecido cerebral, em que há baixa ou falta de suprimento hematológico. É a segunda origem mais comum de demência entre idosos e, em linhas amplas, sua etiologia é sustentada em acidentes vasculares encefálicos (AVEs) e outras lesões vasculares. A sintomatologia ocorre em fases, com forte associação aos fatores de risco vascular. Dessa forma, intervir nestes fatores é basilar na redução do impacto e ocorrência demencial.

Patogenia

A obstrução arterial cerebral, por ateromas, placas ou trombos, causa uma isquemia, com infarto na seção cerebral destruída (AVEi). O extravasamento sanguíneo das artérias cerebrais promove hemorragia e, por conseguinte, danos neurológicos (AVEh). Em sua tipologia, destacam-se as demências vasculares: por múltiplos infartos lacunares; por multi-infarto; de Binswanger; estratégica de infarto único; e hereditárias. A diferença entre estas está no tamanho dos vasos afetados, disposição, frequência e impacto. Como fatores de risco, destacam-se o tabagismo, a presença de diabetes, hipertensão arterial, aterosclerose ou fibrilação atrial, além de altos níveis de gordura e história prévia de AVEs.

Quadro clínico

Em geral, a clínica da demência vascular é sequencial, estruturada em fases, de modo súbito, com estagnações ou desavanços. A piora do quadro pode ocorrer após um novo acidente vascular, conforme magnitude. Um maior acidente acelera o *déficit* cognitivo; os menores podem estabelecer um declínio gradual. Os sintomas gerais são a perda de memória e da capacidade de raciocínio, com início precoce dos prejuízos nas funções executivas. A localização do AVE influencia no eventual dano das funções motoras parassimpáticas.

Diagnóstico

O diagnóstico de demência vascular parte da investigação clínica, com testes do estado mental e neuropsicológico. Confirmado o diagnóstico de demências, indica-se a realização de ressonâncias magnéticas e tomografia computadorizada, para verificar o histórico de acidentes cerebrais. Recomendam-se exames laboratoriais para análise dos fatores de risco vascular.

Tratamento

O tratamento da demência vascular consiste na adoção de medidas de segurança e apoio ao paciente, além do controle dos fatores de risco. Não possui farmacoterapia específica, recomendando-se inibidores de colinesterase, como rivastigmina e memantina, se houver associação ao mal de Alzheimer. Se houver estado depressivo, deve-se empregar um antidepressivo para reestruturar as funções afetivas.

5.4 DEMÊNCIA POR CORPOS DE LEWY

A demência por corpos de Lewy (DCL) representa a perda cognitiva progressiva, de degeneração crônica marcada por inclusões celulares (corpos de Lewy). É a terceira causa mais comum de demência e, diferente das outras, não tem a perda de memória como sinal mais determinante. O aparecimento de sintomas motores de parkinsonismo tem relação com a questão dopaminérgica da síndrome.

Patogenia

O acúmulo anormal da proteína alfa sinucleína nas células nervosas resulta na morte celular. A disposição desta são os corpos de Lewy, inclusões esféricas eosinofílicas contidas no citoplasma neuronal. Localizados na substância cinzenta, os corpos interferem no domínio da linguagem, percepção e pensamento. Se localizados na substância negra, a DCL cursa com sintomas parkinsonianos. Caso os corpos de Lewy coexistam com tranças neurofibrilares e placas senis, a DCL pode cursar com o mal de Alzheimer.

Quadro clínico

A clínica da DCL é progressiva, marcada inicialmente pelo *déficit* de atenção, da função executiva e da percepção visual. A perda de memória é mais persistente conforme a progressão, com menor impacto sobre a memória de curto prazo. Sintomas extrapiramidais, como marcha instável, bradicinesia e rigidez, são comuns, assim como o início dos sinais de *déficit* neurocognitivo e motor com um ano de intervalo. São marcantes na DCL as flutuações da função cognitiva e alterações de capacidades visual. Também podem ocorrer sintomas psicóticos positivos (principalmente alucinações visuais), problemas do sono e disfunções autonômicas.

Diagnóstico

O diagnóstico segue o padrão clássico de investigação demencial, sendo necessário avançar para confirmar DCL. Achados como alucinações visuais e prejuízo cinético e muscular indicam a DCL, em que recomenda-se tomografia por emissão de pósitrons e tomografia computadorizada por emissão de fóton único para avaliar a possibilidade. No diagnóstico diferencial com demência por doença de Parkinson, observa-se se o início dos sintomas mentais é ao mesmo tempo dos musculares (indicando DCL) ou começa após o comprometimento muscular (sugestivo de doença de Parkinson). A autópsia cerebral confirma a DCL.

Tratamento

O tratamento da DCL envolve farmacoterapia, exercícios de funções cognitivas e medidas padrões de apoio e segurança ao paciente demencial. Indica-se a rivastigmina, inibidor da colinesterase, na melhora da cognição. Não recomenda-se antiparkinsonianos e antipsicóticos de primeira geração, para reduzir prejuízos psiquiátricos e agudização de sintomas extrapiramidais. Indicam-se antipsicóticos típicos, como haloperidol, no manejo dos sintomas psicóticos.

5.5 DEMÊNCIA FRONTOTEMPORAL

A demência frontotemporal (DFT) representa um conjunto demencial de doenças espontâneas e hereditárias, que causam degeneração cerebral focal e agem sobre os lobos frontal e temporal. Em linhas gerais, tem origem multifatorial e forte prejuízo da linguagem, comportamento e personalidade. A linha diagnóstica segue a avaliação clínica, exames neurológicos e rastreio de lesões cerebrais. Engloba 10% dos casos de demência e tem tratamento pautado no controle sintomatológico.

Patogenia

A atrofia dos lobos frontais e temporais, com perda de células nervosas, decorre de níveis anormais ou típicos de proteína tau. Em demências sem comprometimento estrutural, há associação a distúrbios metabólicos e tóxicos, assim como ação farmacológica. Todavia, se houver comprometimento estrutural, há potencial correlação com doenças como aids e sífilis.

Quadro Clínico

A clínica da DFT é progressiva, mas em geral avança mais rápido que outras demências. Destacam-se padrões disruptivos de comportamento e personalidade, além de prejuízos do raciocínio e linguagem. Podem ser vistos danos musculares, com atrofia de músculos da fala, deglutição e mastigação. A impulsividade, compulsividade, desinibição, aumento do interesse sexual e negligenciamento pessoal são marcas do comportamento disruptivo da DFT. No campo da linguagem, afasia, disartria, anomia e prosopagnosia são reflexos comuns dessa demência.

Diagnóstico

O diagnóstico de DFT é iniciado após a confirmação da hipótese diagnóstica de demência. Por conseguinte, deve-se investigar se é uma DFT. A investigação envolve analisar se houve ou não comprometimento estrutural, por meio de exames laboratoriais e sorológicos, para identificar se há infecção por HIV ou sífilis, assim como disfunção tóxica ou metabólica. Para determinar a região afetada e excluir outras possíveis causas, indica-se o uso de tomografias computadorizadas e ressonâncias magnéticas. No estágio inicial da DFT, alterações atróficas e hipoperfusão nos lobos frontais e insulares são percebidas. Atrofia cortical nas regiões temporais e parietais são percebidas conforme avanço da demência. No diagnóstico diferencial com Alzheimer, a tomografia por emissão de pósitrons é indicada, pois a DFT apresenta áreas hipometabólicas em lobos frontais, córtex temporal anterior e córtex cingulado anterior.

Tratamento

O tratamento da DFT não é específico, direcionado ao alívio e suporte de sintomas do paciente e de demandas do cuidador. A equipe multiprofissional é importante no quadro das demências em geral, com enfoque na fonoaudiologia.

Referências

APS, American Psychiatric Association *et al.* *DSM-5:* Manual diagnóstico e estatístico de transtornos mentais. Porto Alegre: Artmed Editora, 2014.

GREENBERG, David A.; AMINOFF, Michael J.; SIMON, Roger P. *Neurologia clínica*. 8. ed. Porto Alegre: AMGH, 2014.

HAUSER, Stephen L.; JOSEPHSON, Scott A. *Neurologia clínica de Harrison.* 3. ed. Porto Alegre: AMGH, 2015.

GAGLIARDI, Rubens J.; TAKAYANAGUI, Osvaldo M. *Tratado de Neurologia da Academia Brasileira de Neurologia*. 2. ed. Rio de Janeiro: Elsevier, 2019.

PARMERA, Jacy Bezerra; NITRINI, Ricardo. Demências: da investigação ao diagnóstico. *Revista de Medicina,* v. 94, n. 3, p. 179-184, 2015. Disponível em: https://www.revistas.usp.br/revistadc/article/view/108748. Acesso em: 10 dez. 2022.

SANVITO, Wilson. *Síndromes Neurológicas*: acrônimos e epônimos. 4. Ed. Rio de Janeiro: Editora Atheneu, 2019.

6. DOENÇA DE PARKINSON (DP)

Inggryd Eduarda Possidônio de Souza Santos

6.1 INTRODUÇÃO E EPIDEMIOLOGIA

A doença de Parkinson se refere a uma condição neurodegenerativa, em sua maioria idiopática, caracterizada principalmente por tremores em repouso e perturbação de movimentos involuntários da postura corporal, do equilíbrio e da rigidez. A moléstia de Parkinson, como também pode ser conhecida, não apresenta distinção entre as classes sociais ou raças, no entanto, acomete principalmente indivíduos na faixa etária entre 55 e 65 anos, com preferência pelo sexo masculino.

6.2 ETIOLOGIA

A doença de Parkinson (DP) possui etiologia multifatorial, incluindo disfunções genéticas e ambientais. É resultado da perda progressiva de células da substância negra, produtoras de dopamina e do acúmulo de proteínas, principalmente a alfa-sinucleína (SNCA), nos corpos de Lewy. É esta perda que caracteriza a sintomatologia de bradicinesia, tremor de repouso e rigidez.

A sua etiologia é vasta, uma vez que a DP pode ser uma patologia associada a fatores genéticos, a anormalidades mitocôndrias, no que tange à produção de radicais livres, e a neurotoxinas ambientais, as quais são decorrentes da exposição prolongada a herbicidas e a pesticidas em indivíduos da zona rural. Como consequência, os neurônios da substância negra deixam de gerar um potencial de ação mínimo para a perpetuação do neurotransmissor, a dopamina, reduzindo a função motora do córtex cerebral.

Os núcleos da base são o grupo de estruturas de substância cinzenta cerebral e representam os sítios patológicos envolvidos na DP, destacando-se o núcleo estriado, o globo pálido, o núcleo subtalâmico e a substância negra (SN). O principal achado patológico da DP é a degeneração da parte compacta da substância negra responsável pela produção de dopamina.

O sistema dopaminérgico, juntamente aos neurônios de melanina, sofre despigmentação. Desse modo, quanto mais clara a substância negra, maior é a perda de dopamina. Além da despigmentação, a depleção de dopamina também interfere na degeneração de neurônios dopaminérgicos da substância negra, culminando para a redução do controle do processamento de informações pelos núcleos da base.

Os sintomas da DP surgem após a morte de cerca de 60% das células da substância negra. A partir da morte dos neurônios dopaminérgicos, o número de terminações nervosas dopaminérgicas do núcleo estriado diminui, causando rigidez e acinesia, sintomas clássicos da DP. A desinibição dos principais núcleos excitatórios dos gânglios da base e a maior inibição do sistema tálamo cortical induz movimentos anormais.

6.3 QUADRO CLÍNICO

A deficiência de dopamina produz um grave efeito no sistema extrapiramidal, resultando em alterações na coordenação e nas atividades musculares, os quais se manifestam por meio da diminuição da força, perda do tônus postural e alterações na marcha. Outro sinal comum é o aumento de movimentos no plano transverso da pelve e do tórax, rigidamente acoplados, ao contrário de indivíduos saudáveis, que movimentam a pelve e o tórax de forma independente.

Essas alterações fisiopatológicas produzem sintomas neurológicos típicos ou sinais cardinais encontrados em pacientes com DP, como a bradicinesia, rigidez muscular, tremor de repouso e instabilidade postural. Ademais, em alguns casos, existe também comprometimento de ordem cognitiva, afetiva e autonômica. Cabe ressaltar que, com a evolução da doença, complicações secundárias podem aparecer, decorrentes de sintomas físicos e de fatores psicossociais individuais.

Dentre as complicações, algumas são manifestadas por combinações de sinais cardinais, como:

Tabela 3 – Manifestações clínicas da doença de Parkinson

Manifestações clínicas
Pobreza de movimentos (oligocinesia)
Redução na velocidade, alcance e amplitude (hipocinesia)
Dificuldade em iniciar o movimento (acinesia)
Características faciais (face em máscara)
Postura axial alterada, dificuldade em virar-se da cama
Hiperlordose cervical
Alterações musculoesqueléticas (contraturas, fadiga, desenvolvimento de posturas fixas anormais)
Distúrbios da marcha (padrão de marcha "em bloco", festinante e interrupção abrupta da marcha)
Distúrbios visuais e sensório-motores, além de alterações cardiopulmonares

Fonte: Andrade *et al.* (2017)

Além das alterações motoras, podem ocorrer alterações auditivas, no que se refere ao processamento auditivo central, e autonômicas, como a constipação. Esse conjunto de sinais e sintomas leva, progressivamente, o indivíduo com DP à limitação funcional e à dependência física, estando também relacionado à depressão e ao isolamento.

6.4 DIAGNÓSTICO

Apesar de todos os avanços obtidos em neuroimagem e genética, o diagnóstico do parkinsonismo ainda é primordialmente clínico e, de antemão, é importante distinguir a doença de Parkinson de outras desordens para o estabelecimento do diagnóstico e prognóstico. A ressonância nuclear magnética cerebral pode ser apropriada em alguns pacientes, especialmente para exclusão de outras condições, como hidrocefalia normobárica e doenças cardiovasculares ou expansivas.

Em geral, escalas para a avaliação de doenças neuromusculares exploram diversos componentes da experiência humana, como a condição clínica da pessoa, funções motora e mental, incapacidades, limitações relacionadas às atividades laborais e participação social, e qualidade de vida. Alguns exemplos de escala utilizadas são: a escala de estágios de incapacidade de Hoehn e Yahr; a escala unificada de avaliação da DP (UPDRS); a escala de Webster de avaliação da DP; a escala de Sydney; a escala de incapacidade da Northwestern University (NUDS); os questionários da DP (PDQ-39) e de qualidade de vida na DP (PDQL); e a escala de atividade de Parkinson (PAS).

O diagnóstico da DP é baseado em critérios clínicos, e em uma anamnese e exame físico minuciosos. Existem algumas peculiaridades, que são importantes para o diagnóstico clínico:

a) **Tremor em repouso**: o clássico tremor de "rolar pílulas" ou "contar dinheiro" em extremidades, que tende a desaparecer ao movimento. Pode acometer lábios, queixo e língua.

b) **Rigidez**: a maior resistência ao movimento passivo se manifesta geralmente pelo sinal da roda dentada, causado pelo tremor subjacente, mesmo na ausência de tremor visível. Este sinal também ocorre em pacientes com tremor essencial.

c) **Anormalidades posturais**: de modo geral, ocorrem tardiamente e compreendem a anteriorização da cabeça, cifose, braços mantidos à frente do corpo, cotovelos, quadris e joelhos fletidos, desvio ulnar das mãos, inversão dos pés e inclinação lateral do corpo.

d) **Bradicinesia**: corresponde à lentificação dos movimentos, à perda dos movimentos automáticos e à diminuição da amplitude dos movimentos (hipocinesia). A bradicinesia da DP começa de forma assimétrica em cerca de 75% dos casos. A face perde a expressão espontânea, há diminuição da frequência do piscar, perda da gesticulação e tendência do paciente sentar-se imóvel. A fala torna-se baixa (hipofonia), alguns apresentam disartria e/ou agrupam as palavras (taquifemia). O andar se torna mais lento, com passos mais curtos e com tendência a arrastar os pés, além de uma oscilação dos braços diminuída.

e) Perda dos reflexos posturais: pode levar à queda e à incapacidade de ficar de pé sem auxílio. Nesse momento, o andar é marcado por festinação (marcha acelerada, com passos pequenos e tendência a inclinar-se para frente), com o paciente andando cada vez mais rápido.

f) Congelamento: incapacidade transitória de executar movimentos ativos (bloqueio motor). Ocorre subitamente durante alguns segundos e atinge mais frequentemente as pernas ao andar, podendo envolver a abertura das pálpebras, a fala (palilalia) e a escrita.

Em relação aos exames laboratoriais, a tomografia computadorizada e a ressonância magnética não mostram anormalidades significativas e os exames de sangue e de urina não mostram alterações. Por não haver um teste específico para o diagnóstico da DP, a doença deve ter seu diagnóstico baseado em critérios clínicos. A partir do momento em que o diagnóstico sindrômico de parkinsonismo é feito, deve-se identificar sua causa. Existem três tipos básicos que classificam as diversas formas de parkinsonismo:

Parkinsonismo primário: origem hereditária ou idiopática.

Parkinsonismo secundário: causado principalmente por drogas que bloqueiam os receptores dopaminérgicos.

Parkinsonismo atípico: caracterizado, na presença de DP, por quadros neurológicos, acinesia (perda do movimento) e rigidez, com ausência do tremor.

6.5 TRATAMENTO

Medicamentoso

O tratamento da DP é eminentemente sintomático e visa a manter e melhorar a independência funcional dos pacientes, bem como a reduzir o seu desconforto. Desde sua introdução, há mais de 30 anos, a levodopa permanece como o padrão de referência no tratamento da doença.

No que tange ao mecanismo de ação da levodopa, após penetrar a barreira hematoencefálica, essa droga é convertida em dopamina pela dopa-descarboxilase, exercendo seus efeitos principalmente no núcleo estriado. Embora seja a principal droga no tratamento da DP, o uso prolongado e a estimulação pulsátil dopaminérgica acumulam evidências de serem um dos responsáveis pelas complicações motoras tardias da doença.

Entre outros medicamentos utilizados como adjuvantes ao tratamento estão: a selegilina e a rasagilina, as quais atuam bloqueando a metabolização central da dopamina; anticolinérgicos como o biperideno o triexifenidil; inibidores da catecol-o- metiltransferase (COMT) como o entacapone e o tolcapone; medicamentos que aumentam a síntese e a liberação de dopamina na fenda sináptica como a amantadina, além de antidepressivos tricíclicos, miorrelaxantes e analgésicos.

Atualmente, têm sido utilizados os agonistas dopaminérgicos, em especial os novos agonistas como a cabergolina, o ropinirol e o pramipexol, que são drogas que estimulam diretamente os receptores dopaminérgicos simulando os efeitos da dopamina.

Cirúrgico

O tratamento cirúrgico da DP foi estimulado devido à melhoria na compreensão da anatomia funcional que rege o controle motor e o refinamento de métodos e técnicas de neurocirurgia, neurorradiologia e neuropsicologia. A talamotomia estereotáxica ainda é usada ocasionalmente numa tentativa de melhorar o tremor incapacitante.

No entanto, este procedimento está sendo substituído pela palidotomia e pela estimulação cerebral profunda com alta frequência, com eletrodos implantados estereotaxicamente em um dos três núcleos-alvo: tálamo, núcleo subtalâmico ou globo pálido (segmento interno). Descobriu-se que a estimulação cerebral profunda do núcleo subtalâmico permite uma redução marcante na dose diária de levodopa. O transplante cirúrgico da substância negra fetal para o estriado permanece em investigação. As complicações abrangem infarto ou hemorragia cerebral, disartria ou hipofonia, perturbações cognitivas e defeitos do campo visual (após a palidotomia).

Como em todas as doenças neurodegenerativas, é importante salientar o suporte psicológico dos pacientes e suas famílias. Os pacientes devem ser encorajados a aprender sobre sua doença e, acima de tudo, a manterem-se fisicamente e socialmente ativos.

A fisioterapia e a fonoaudiologia podem ajudar o paciente com parkinsonismo moderadamente grave. Nos casos avançados, a qualidade de vida pode ser melhorada com intervenções específicas, como a colocação de trilhos ou barras suplementares em casa, talheres de mesa com cabos maiores, protetores de mesa antiderrapantes e amplificadores de voz.

Referências

ANDRADE, Adriano O. *et al.* Sinais e sintomas motores da doença de Parkinson: caracterização, tratamento e quantificação. *Novas tecnologias aplicadas à saúde*: integração de áreas transformando a sociedade, Uberlândia, p. 282, 2017.

BARBOSA, Egberto R.; SALLEM, Flávio A.S. Doença de Parkinson – Diagnóstico. *Revista Neurociências*, São Paulo, v. 13, n. 3, p. 158-16, set. 2005.

DIAS, Alice E.; LIMONGI, João C. P. Tratamento dos distúrbios da voz na doença de Parkinson. *Arq Neuropsiquiatria*, São Paulo, v. 61, n. 1, p. 61-66, 2003.

LIMONGI, João. C. P. *Conhecendo melhor a Doença de Parkinson* – uma abordagem multidisciplinar com orientações práticas para o dia-a-dia. São Paulo: Plexius, 2001.

MIRANDA, Adriana M.; DUARTE, Catarina M. G.; ÂNGELA, Rita C. O. *Doença de Parkinson* – uma visão multidisciplinar. Fisioterapia na doença de Parkinson. 4. ed. São Paulo: PULSO Editorial, 2006.

PIERUCCINI, Faria F. *et al.* Parâmetros cinemáticos da marcha com obstáculos em idosos com doença de Parkinson, com e sem efeito da levodopa: um estudo piloto. *Revista Brasileira de Fisioterapia*, São Carlos, v. 10, n. 2, p. 233-239, 2006.

SANT, Cíntia R. *et al.* Abordagem fisioterapêutica na doença de Parkinson. *Rev Bras Cien Envelh Hum*, Passo Fundo, v. 5, p. 80-9, 2008.

SOUZA, Cheylla F. *et al.* A Doença de Parkinson e o Processo de Envelhecimento Motor: uma revisão de literatura. *Revista de neurociência*, Mossoró, v. 19, n. 4, p. 718-723, 2011.

STEIDL, Eduardo Matias dos Santos; ZIEGLER, Juliana Ramos; FERREIRA, Fernanda Vargas. Doença de Parkinson: revisão bibliográfica. *Disciplinarum Scientia Saúde*, Santa Maria, v. 8, n. 1, p. 115-129, 2007.

ZAMPROGNO, Nathália Perini; NOVAES, Maria Angélica Santos. Revisão: doença de Parkinson e suas etiologias mitocondriais. *Revista Multidisciplinar em Saúde*, Espírito Santo, v. 2, n. 3, p. 15-15, 2021.

ZEIGELBOIM, Bianca S. *et al.* Avaliação do processamento auditivo central em pacientes com doença de Parkinson. *Arquivos Internacionais de Otorrinolaringologia*, Curitiba, v. 15, p. 189-194, 2011.

7. DOENÇAS DESMIELINIZANTES

Kamilly Ieda Silva Veigas

7.1 INTRODUÇÃO

As doenças desmielinizantes são um conjunto de afecções que têm em comum a degradação da mielina. Para entender a gravidade dessas doenças, é necessário relembrar que a mielina é formada por células chamadas oligodendrócitos, as quais têm como função proteger os axônios e otimizar a velocidade de propagação dos estímulos nervosos. Para isso, os oligodendrócitos envolvem o axônio durante sua extensão, formando a bainha de mielina, e são interrompidos por intervalos sem mielina, conhecidos como nodos de Ranvier. Com essa estruturação, a bainha de mielina isola parte dos axônios e, assim, propaga o potencial de ação de nodo a nodo, construindo uma "condução saltatória", o que permite que a propagação do estímulo nervoso com grande velocidade ao longo da membrana plasmática no axônio mielinizado.

Desse modo, a degradação da bainha de mielina pode causar efeitos negativos na comunicação neural, uma vez que diminui a efetividade da condução do potencial de ação. Nesse sentido, quando a bainha de mielina é comprometida, ocorrem alterações a nível de sentidos e funções que podem ser irreversíveis, sendo de extrema importância o seu diagnóstico precoce e tratamento.

Entre as principais enfermidades desmielinizantes do sistema nervoso central, destacam-se a esclerose múltipla (EM), a neuromielite óptica (NMO) e a encefalomielite aguda disseminada (Adem), que, apesar de diferentes entre si, possuem como causa comum um processo inflamatório seguido de acometimento neuronal.

7.2 ESCLEROSE MÚLTIPLA

Classificação e epidemiologia

A esclerose múltipla é a primeira causa de deficiência neurológica em adultos até 50 anos, podendo ser classificada de acordo com a apresentação pregressa e atual do quadro clínico em: esclerose múltipla forma surto remissão (EMSR), esclerose múltipla forma primariamente progressiva (EMPP) e esclerose múltipla forma secundariamente progressiva.

A EMSR é a forma mais comum da doença, acometendo mais comumente mulheres em torno dos 30 anos de idade. É caracterizada por surtos decorrentes de maior atividade inflamatória da doença e sua taxa de progressão é de leve a moderada. A EMPP, por sua vez, está presente em 10% a 15% dos casos e não exige ocorrência de surtos definidos, bem como não possui distinção entre sexos.

Por fim, a forma progressiva secundária corresponde a 10% dos casos, sendo considerada a evolução lenta e progressiva da EMSR após 25 anos do início das sintomas, ou seja, apresentam surtos no início da doença, mas evoluem com quadros semelhantes aos da EMPP com ou sem recidivas.

Etiologia e fisiopatologia

A etiologia da EM é associada a fatores genéticos e ambientais em associação à prevalência e fatores de risco para o desencadeamento da doença. A teoria da fisiopatologia da doença é baseada em evidências de que células T autorreativas reconhecem antígenos derivados da mielina e desencadeiam uma cascata imunológica, o que resulta na ativação de linfócitos B, T CD8+ e macrófagos. Após essa ativação, há invasão do SNC, ativação da micróglia, produção de anticorpos, citocinas, quimiocinas e outros mediadores inflamatórios que provocam a destruição da mielina e da perda axonal, assim como apoptose de oligodendrócitos e perda de glicoproteínas.

Individual e paralelamente, a fisiopatologia da EMSR envolve principalmente a inflamação e a desmielinização, enquanto a EMPP é regida por uma maior perda axonal, degeneração de oligodendrócitos e processo inflamatório mais difuso.

Quadro clínico

Na EMSR, as manifestações iniciais incluem neurite óptica e alterações sensitivas. A doença evolui em surtos que duram mais de 24 horas, caracterizados por episódios de *deficit* neurológico subjetivos ou objetivos. A neurite óptica apresentada é caracterizada por dor à movimentação ocular, discromatopsia e diminuição da acuidade visual. Além disso, ocorre mielite, ou seja, fraqueza muscular em um ou mais membros, sinais de liberação piramidal (hiperreflexia, sinal de Babinski e clônus), diminuição de sensibilidade superficial e/ou profunda — frequentemente com um nível medular claro —, incontinência e/ou retenção urinária e fecal e disfunção sexual. Por fim, lesões de tronco cerebral são apresentadas por ataxia de marcha, disartria e comprometimento da coordenação motora (dismetria), oftalmoparesia internuclear ou diplopia por paresia do VI nervo e neuralgia do trigêmeo.

Na EMPP, há mielopatia com fraqueza gradual, primeiro em membros inferiores e com tetraparesia na evolução, seguida de ataxia cerebelar, isso porque é comum o comprometimento dos tratos longos, especialmente o motor e o cerebelar. A progressão da doença cursa com distúrbios sensitivos, alterações cerebelares, síndromes de tronco cerebral, perda visual, disfunção esfincteriana e sexual e comprometimento cognitivo.

Na forma secundária progressiva, o início tem característica da forma surto-remissão, mas progride com lesão de tratos longos, como na EMPP.

Diagnóstico

Baseia-se na documentação de, pelo menos, dois episódios sintomáticos, durando mais de 24 horas e que ocorrem separados por, no mínimo, um mês. Exames radiológicos e laboratoriais compõem o diagnóstico e ajudam na exclusão de outras causas. Para o devido reconhecimento da doença, são utilizados os critérios de McDonald, de 2017, revisados e adaptados.

Figura 3 – Critérios diagnósticos da esclerose múltipla

Tabela 1. Critérios diagnósticos da esclerose múltipla (Painel Internacional).

Surtos (ataques)	Lesões objetivas	Requisitos adicionais para o diagnóstico
2 ou mais	2 ou mais	Nenhum, desde que não haja nenhuma explicação melhor para o quadro clínico
2 ou mais	1	Disseminação espacial pela IRM[a], ou então 2 ou mais lesões cerebrais à IRM (ou 1 no cérebro e 1 na medula) *junto* a LCR positivo; ou então aguardar outro surto clínico
1	2 ou mais	Disseminação temporal pela IRM[b] ou aguardar outro surto clínico
1	1 (Síndrome clínica isolada)	1) Disseminação espacial pela IRM[a], ou então 2 ou mais lesões à IRM e LCR positivo junto a 2) Disseminação temporal pela IRM[b] ou aguardar outro surto clínico
Progressão insidiosa sugestiva de EM (Forma primária progressiva)		LCR positivo, *junto a*: 1) Disseminação espacial pela IRM demonstrada por 9 ou mais lesões cerebrais em T2, ou por 2 ou mais lesões medulares, ou por 4-8 lesões cerebrais e uma medular; ou por anormalidade típica do PEV associada a 4-8 lesões cerebrais, ou < 4 lesões cerebrais e 1 medular 2) Disseminação temporal demonstrada pela IRM[b] ou por progressão continuada por 1 ano

[a]Disseminação espacial pela IRM conforme os critérios de Barkhof et al. e de Tintoré et al. [b]Disseminação temporal pela IRM conforme delineado no Quadro 2.

Fonte: Painel Internacional (2017)

Tratamento

O tratamento da esclerose múltipla é aplicado apenas à forma EMSR, uma vez que as formas progressivas não apresentam respostas à terapia.

Os glicocorticóides são utilizados para tratar os surtos e mostram benefício clínico a curto prazo ao reduzir a intensidade e duração dos episódios agudos. As terapias modificadoras do curso da doença (MMCD) visam reduzir as células imunogênicas circulantes, suprimir a adesão destas ao epitélio e, consequentemente, reduzir a migração para o parênquima e a resposta inflamatória decorrente. Além disso, o tratamento da EM envolve intervenções não medicamentosas que visam à redução da incapacidade e a melhoria da qualidade de vida, o que, em geral, requer uma equipe multidisciplinar.

Quadro 1 – Protocolo de Tratamento da EM

Controle de Surtos		
Metilprednisolona IV por 3 a 5 dias		
Surtos Refratários		
Plasmaférese ou Imunoglobulina IV		
EMSR de Baixa ou Moderada Atividade		
1ª Linha	**2ª Linha**	**3ª Linha**
Betainterferonas Glatirâmer Teriflunomida Fumarato de dimetila Azatioprina	Fingolimode	Natalizumabe;
EMSR Altamente Ativa		
1ª Linha	**2ª Linha**	
Natalizumabe;	Alentuzumabe;	

Fonte: Bichuetti *et al.* (2018)

A avaliação e o acompanhamento multiprofissional e multidisciplinar incluem consultas com psicólogo e psiquiatra para tratar depressão e outras manifestações psíquicas; com fisioterapeuta e terapeuta ocupacional, incluindo aconselhamento sobre postura corporal; e com fonoaudiólogo, para distúrbios da fala e complicações afins. Os profissionais da saúde devem incentivar os pacientes a se exercitarem continuamente para obterem benefícios a longo prazo, como exercícios aeróbicos, alongamento e ioga, alertando que exercícios não supervisionados e treinamento de resistência de alta intensidade se associam a risco de lesões.

7.3 NEUROMIELITE ÓPTICA

Introdução e epidemiologia

A neuromielite óptica (NMO) é uma doença grave causada pela desmielinização autoimune do nervo óptico e da medula espinal. Caracteriza-se pela presença de anticorpos antibarreira hematoencefálica. Sua incidência restringe-se a mulheres entre a terceira e a quarta década de vida e representa cerca de 22% das afecções desmielinizantes.

A apresentação da doença cursa com comprometimento visual ou medular importante, com altas taxas de mortalidade após oito anos dos primeiros sintomas, sendo de extrema importância seu reconhecimento e tratamento.

Possui duas classificações: NMO monofásica e NMO recorrente. Pacientes que apresentam crises com mais de 30 dias de intervalo têm maior chance de cursarem com a forma recorrente, a qual se caracteriza por episódios de neurite óptica ou mielites recorrentes que não são necessariamente simultâneos.

Etiologia e fisiopatologia

A NMO se apresenta com desmielinização de segmentos medulares e do nervo óptico, com cavitação e perda axonal em substância branca e cinzenta com pouca evidência de remielinização. A fisiopatologia da NMO é desconhecida, mas acredita-se que há destruição dos mastócitos e da barreira hematoencefálica, prejudicando a permeabilidade dessa estrutura e causando inflamação.

Quadro clínico

A NMO manifesta-se por meio da perda parcial bilateral da visão, acompanhada de rebaixamento do nível de consciência, perda de força muscular além do grau 3, cefaléia e crises de vômitos incoercíveis. Sua apresentação clínica normalmente se desenvolve após quadros de infecção ou na presença de outras doenças autoimunes.

Diagnóstico

O diagnóstico da NMO é firmado após investigação clínica e laboratorial. Primeiramente, uma sorologia positiva para antiaquaporina-4 (AQP4) é necessária. Além disso, o indivíduo com sorologia positiva, excluídos os diagnósticos diferenciais, deve apresentar ao menos um surto de:

a) Neurite óptica.

b) Mielite transversa com lesão medular extensa (LME).

c) Síndrome da área postrema.

d) Síndrome do tronco encefálico agudo.

e) Narcolepsia sintomática.

f) Encefalopatia.

Na ausência de estrutura para a avaliação sérica e investigação do biomarcador do anticorpo AQP4 ou o resultado for inconclusivo, deve-se seguir os seguintes critérios:

Dois surtos apresentando:

a) Neurite óptica, mielite transversa com LME ou síndrome de área postrema.

Associado à:

a) Lesão extensa (igual ou superior a 50%) do nervo óptico.

b) Lesão extensa de medula (comprometimento de três ou mais segmentos contínuos).

c) Lesão em região postrema ou paraependimária em tronco cerebral.

Tratamento

Quadro 2 – Protocolo de Tratamento da NMO

Tratamento de Eventos Agudos
Metilprednisolona IV por 3 a 5 dias + 2 a 5 ciclos de Plasmaférese
Tratamento Refratário
Imunoglobulina Humana por 5 dias
Tratamento Preventivo
Azatioprina ou Micofenolato de Mofetila

Fonte: Bichuetti *et al.* (2018)

7.4 ENCEFALOMIELITE AGUDA DISSEMINADA

Introdução e epidemiologia

A encefalomielite aguda disseminada (EMDA) é uma doença que acomete, exclusivamente, a substância branca do encéfalo e tem uma evolução autolimitada e monofásica, mas que pode apresentar recidivas. Em casos de recorrências por vários meses após o quadro inicial, é necessário investigar esclerose múltipla.

Etiologia

Os fatores desencadeadores da doença ainda não são totalmente esclarecidos, no entanto, o quadro clínico ocorre após exantemas febris, vacinação ou outras manifestações pós-infecciosas, em que há uma resposta autoimune contra a mielina mediada por células T. Essa reação é configurada por desmielinização perivenosa e infiltração de linfócitos e macrófagos, hiperemia, edema endotelial e descamação da parede dos pequenos vasos sanguíneos da substância branca e cinzenta.

Quadro clínico

Além dos sintomas gripais apresentados cerca de 4 a 21 dias após o agente etiológico, o paciente com encefalomielite aguda disseminada desenvolve *deficit* neurológico cortical de forma focal ou multifocal. A progressão do quadro clínico é progressiva ao longo dos dias e pode cursar com estado confusional ou encefalopático. Sintomas comuns da EMDA são:

a) febre, cefaléia, mal-estar, mialgia e letargia;

b) náuseas e vômitos;

c) hemiparesia, paralisia de nervos cranianos, paraparesia, ataxia e meningismo.

Diagnóstico

O diagnóstico da EMDA é baseado em achados clínicos e exames de imagem. Critérios clínicos diagnósticos incluem sintomas neurológicos multitopográficos, encefalopatia e a comprovação de um primeiro evento desmielinizante. Já nos critérios radiológicos, lesões grandes e difusas de substância branca ou lesões hipointensas em T1 são achados de RNM compatíveis com EMDA.

Tratamento

O tratamento da encefalomielite aguda disseminada se baseia na corticoterapia de altas doses (metilprednisolona), imunoglobulina e plasmaferese.

Quadro 3 – Protocolo de Tratamento da EMDA

Episódios Agudos
Metilprednisolona IV por 5 dias
Prednisolona oral por 4 a 6 semanas após a metilprednisolona
Episódios Refratários
Imunoglobulina Humana por 5 dias ou 7 ciclos de plasmafárese em dias alternados

Fonte: Bichuetti *et al.* (2018)

Referências

ALVES, Carla. C. *et al.* Encefalomielite Disseminada Aguda: a propósito de um Caso Clínico. *Revista da Sociedade Portuguesa de Medicina Física e de Reabilitação*. Guimarães, Portugal. v. 27, n. 2, Ano 23 (2015).

BERTOLUCCI, Paulo Henrique F. *Neurologia*: diagnóstico e tratamento. São Paulo: Manole, 2016.

BICHUETTI, Denis; BATISTELLA, Gabriel Novaes de Rezende. *Manual de neurologia*. Rio de Janeiro: Guanabara Koogan, 2018.

BRASIL. *Portaria Conjunta Nº 1, de 7 de Janeiro de 2022.* Aprova o Protocolo Clínico e Diretrizes Terapêuticas da Esclerose Múltipla. Ministério da Saúde. [2022]. Disponível em: https://bvsms.saude.gov.br/bvs/saudelegis/saes/2022/poc0001_31_01_2022.html. Acesso em: 18 abr. 2023.

GARG, Ravindra K. *Acute disseminated encephalomyelitis. Postgrad Med J*, 2003, v. 79, p. 11-17.

NETO, Joaquim Pereira Brasil. TAKAYANAGUI, Osvaldo M. *Tratado de neurologia da Academia Brasileira de Neurologia.* Rio de Janeiro: Elsevier, 2013.

SILVA, Maria G. L. *et al.* Doenças Desmielinizantes do Sistema Nervoso Central: estado da arte baseado em uma revisão integrativa. *Brazilian Journal of Case Reports*, Rio de Janeiro, v. 2, n. 3, p.136-147, jul.-set. 2022.

8. ESCLEROSE LATERAL AMIOTRÓFICA (ELA)

Adna Cristina da Silva Pereira

8.1 INTRODUÇÃO E EPIDEMIOLOGIA

A esclerose lateral amiotrófica (ELA) é uma doença neurodegenerativa dos neurônios motores. Devido à complexidade em sua apresentação e justaposição de sinais e sintomas com outras doenças, possui um difícil diagnóstico e delicado prognóstico.

O tratamento da ELA não é curativo, mas paliativo, visando o prolongamento da vida com o máximo de qualidade, oferecendo o melhor controle de sintomas a cada indivíduo.

Semelhante à maioria das doenças neurodegenerativas, os sintomas começam de forma focal, com posterior disseminação para outras regiões do corpo. Normalmente, o início da ELA ocorre entre 50 e 70 anos de idade. Porém, há formas raras da doença com início antes dos 25 anos.

A esclerose lateral amiotrófica é uma doença com incidência de um a dois indivíduos por 100 mil habitantes a cada ano na maioria dos países; e com uma prevalência estimada de cinco casos por 100 mil habitantes, sendo responsável por até 30 mil óbitos por ano provocados pela doença. A média de sobrevida varia de 24 a 48 meses, embora algumas formas da doença demonstram uma sobrevivência prolongada.

8.2 ETIOLOGIA

A ELA, doença do neurônio motor (DNM), ou também conhecida como doença de Lou Gehrig, é uma doença neurodegenerativa progressiva grave que afeta seletivamente os neurônios motores da medula espinhal, tronco cerebral e neurônios motores centrais.

A fisiopatologia da doença é complexa, o que dificulta um tratamento efetivo. A causa da ELA é desconhecida na maioria dos casos (90%-95%), entretanto, 5% a 10% dos casos estão associados a uma mutação genética, ambas etiologias são clinicamente indistinguíveis. Alguns fatores de risco estabelecidos para a doença são o aumento da idade, o sexo masculino e o tabagismo.

8.3 QUADRO CLÍNICO

Dois tipos de neurônios motores são afetados na ELA e as manifestações clínicas variam de acordo com a localização do neurônio motor envolvido. Os neurônios motores superiores (NMS) estão localizados no giro pré-central (área motora no cérebro); enquanto os neurônios motores inferiores (NMI) estão localizados no tronco cerebral e na porção anterior da medula espinhal.

A paralisia progressiva característica da ELA é marcada por sinais de comprometimento do NMS: espasticidade, hiperreflexia, clônus e sinal de Babinski; e do NMI: debilidade e atrofia muscular, cãibras musculares, e fasciculações (contrações momentâneas e involuntárias dos músculos que podem ser vistas debaixo da pele).

Ainda segundo a região neurológica afetada, os sintomas serão classificados em bulbar, cervical, torácico e/ou lombossacral:

a) O envolvimento bulbar pode ser do NMS, com paralisia pseudobulbar, caracterizada pela instabilidade emocional, aumento do reflexo masseterino, disfagia e disartria; do NMI, com paralisia bulbar, associada a fraqueza facial, diminuição ou perda do movimento do palato, fraqueza e fasciculação da língua, e sialorréia; ou ambos.

b) O envolvimento cervical relaciona-se com paresia nos segmentos distais ou proximais dos membros superiores ou inferiores. A paresia proximal apresenta-se como limitação da abdução do ombro e a paresia distal como limitação das atividades que exigem preensão. Essa paresia tem início lento e geralmente é assimétrica, e, posteriormente, o membro contralateral também desenvolve paresia e atrofia. Exemplos de sinais de comprometimento da região afetadas são o sinal de Hoffmann positivo nos membros superiores e a presença de sinal de Babinski positivo. Os reflexos tendinosos podem estar aumentados ou diminuídos, consoante o envolvimento preferencial do NMS ou NMI.

c) O comprometimento lombossacral implica a degeneração das células do corno anterior da zona do cone medular. Associada a manifestações clínicas nas pernas: paresia distal e proximal.

É importante destacar que os nervos cranianos, que controlam a visão e os movimentos oculares, e os segmentos sacros inferiores da medula espinhal, que controlam os esfíncteres, não são usualmente afetados. Em geral, as funções autonômicas, como função cardíaca, digestão, manutenção de pressão sanguínea e temperatura, permanecem intactas. A percepção da dor permanece normal. A função sexual geralmente permanece normal. Essa doença afeta apenas os neurônios motores, logo, não deteriora a função cognitiva, que frequentemente não se altera. A ELA não afeta as funções corticais superiores como a inteligência, juízo, memória e os órgãos dos sentidos.

8.4 DIAGNÓSTICO

A suspeita para o diagnóstico clínico de ELA é baseada na história clínica e exame físico. Analisa-se os sítios topográficos de comprometimento no sistema nervoso, com sinais e sintomas característicos. O tempo médio até a confirmação diagnóstica é de aproximadamente 10 a 13 meses.

São solicitados, tanto para confirmação da esclerose lateral amiotrófica quanto para diagnósticos diferenciais: exames laboratoriais, testes respiratórios, TC ou RNM de coluna cervical, eletroneuromiografia dos quatro membros, testes genéticos, estudos de condução nervosa, testes de deglutição e punção lombar.

Os critérios diagnósticos para a ELA são determinados pela Federação Mundial de Neurologia e podem ser encontrados no Quadro 4. Tais critérios também permitem classificar a ELA em diferentes categorias presentes no Quadro 5.

Quadro 4 – Critério Revisado para Diagnóstico de ELA

Na presença de
Envolvimento clínico, eletroneuromiográfico, ou anatomopatológico do neurônio motor inferior
Sinais de envolvimento do neurônio motor superior
Progressão da doença, dentro de uma região ou para outras regiões
Na ausência de
Evidência eletrofisiológica e patológica de outra doença ou processo que possa explicar os sinais de degeneração de NMI e NMS
Alterações em exames de neuroimagem de outras doenças que possam explicar os sinais clínicos e eletrofisiológicos observados

Fonte: adaptado do Protocolo Clínico e Diretrizes Terapêuticas da Esclerose Lateral Amiotrófica (2021)

Quadro 5 – Classificação Revisada para ELA

ELA definitiva
Sinais de NMS e NMI em três regiões (bulbar, cervical, torácica ou lombossacral)
ELA provável
Sinais de NMS e NMI em duas regiões (bulbar, cervical, torácica ou lombossacral) com algum sinal de NMS predominante
ELA provável com apoio laboratorial
Sinais de NMS e NMI em uma região ou sinais de NMS, em uma ou mais regiões, associados à evidência de desnervação aguda na eletroneuromiografia (ENMG) em dois ou mais segmentos
ELA possível
Sinais de NMS e NMI em uma região somente
Sinais de NMS em 2 ou mais regiões
Sinais de NMS e NMI em 2 regiões sem sinais de NMS predominando sobre os sinais de NMI

Fonte: adaptado do Protocolo Clínico e Diretrizes Terapêuticas da Esclerose Lateral Amiotrófica (2021)

8.5 EXAMES COMPLEMENTARES

Nas fases iniciais de ELA, os estudos de condução nervosa apontam que o tempo de latência motora distal e velocidade de condução nervosa continuam normais ou quase normais. Todavia, na doença avançada, a amplitude dos potenciais de ação muscular compostos é reduzida, indicando desnervação. A condução nervosa sensorial é geralmente normal em doentes com ELA, embora alterada quando há outras doenças do nervo periférico.

As alterações eletromiográficas da ELA abrangem a perda de unidades motoras, grande amplitude da unidade motora com potenciais polifásicos e atividade espontânea de desnervação (ondas positivas, fibrilações e fasciculações).

Ressonância magnética do cérebro revelam anormalidades nas vias motoras do córtex motor para o tronco cerebral: hiperintensidade do trato corticoespinhal em T2 e fluidos de recuperação de inversão atenuada. Lembrando que a ressonância magnética (RM) de encéfalo e junção crânio-cervical não deve mostrar lesão estrutural que explique os sintomas.

Os estudos genéticos são feitos para identificar defeitos genéticos em alguns tipos de ELA familiar, e outras doenças do neurônio motor. Quanto a exames laboratoriais, a presença de hipocloremia e bicarbonato aumentado estão relacionados com o comprometimento respiratório avançado.

8.6 TRATAMENTO

A integração de intervenções terapêuticas medicamentosas e tratamentos não medicamentosos por equipe multidisciplinar especializada, possibilita alta hospitalar do paciente, assegura maior autonomia, funcionalidade e qualidade de vida, além de aumentar a sua sobrevida.

Além dos cuidados específicos, a equipe multidisciplinar deve manejar a sintomatologia secundária a esclerose lateral amiotrófica, que podem incluir dor e sintomas decorrentes da perda muscular; e alterações comportamentais, de cognição e humor.

Medicamentoso

O único medicamento aprovado pela Anvisa para tratamento da esclerose lateral amiotrófica é o riluzol, um membro da classe dos benzotiazóis. O riluzol aumenta a sobrevida e/ou o tempo até a traqueostomia. Sendo também identificado como neuroprotetor em vários modelos experimentais *in vivo* de lesão neuronal envolvendo mecanismos excitotóxicos.

O mecanismo de ação do riluzol é desconhecido. Suas propriedades farmacológicas, as quais podem estar relacionadas ao seu efeito, são efeito inibitório na liberação de glutamato, inativação dos canais de sódio dependentes de voltagem e capacidade de interferir em eventos que seguem a ligação do transmissor em receptores de aminoácidos excitatórios.

Este fármaco parece ser bem tolerado, embora tenha alguns efeitos colaterais. O tratamento deve ser suspenso se as transaminases subirem cinco vezes acima do limite superior ou se ocorrer citopenia.

São contraindicações ao uso de riluzol a insuficiência renal ou hepática; outra doença grave ou incapacitante, incurável ou potencialmente fatal; outras formas de doenças do corno anterior medular; demência, distúrbios visuais, autonômicos, esfincterianos; gravidez ou amamentação; ventilação assistida; hipersensibilidade ao medicamento.

Não medicamentoso

O suporte ventilatório não invasivo, nas suas várias modalidades, é a que mais aumenta a sobrevida e a qualidade de vida do paciente com ELA. Outra prática benéfica é a fisioterapia respiratória com objetivo de manter os pulmões expandidos e livres de secreções, evitando ventilação pulmonar inadequada, insuficiência respiratória e infecções. Todavia, o suporte respiratório pode ser fornecido para além da ventilação não invasiva, pela ventilação invasiva por meio da traqueostomia.

A maioria dos doentes com ELA desenvolve disfagia, então adota-se para suporte nutricional dos pacientes: alteração da consistência alimentar e uso de suplementos alimentares, gastrostomia endoscópica percutânea (GEP) ou passagem de sonda nasoenteral.

No que diz respeito à acessibilidade e mobilidade, são prescritos exercícios físicos de leve intensidade associados a um protocolo de conservação de energia, uso de órteses e cadeiras de rodas, a depender do quadro clínico do paciente.

Referências

BRASIL, Ministério da Saúde. *Protocolo Clínico e Diretrizes Terapêuticas da Esclerose Lateral Amiotrófica*. Secretaria de Ciência, Tecnologia, Inovação e Insumos Estratégicos em Saúde, Departamento de Gestão e Incorporação de Tecnologias e Inovação em Saúde. Brasília, 2021.

FELDMAN, Eva L. *et al. Amyotrophic lateral sclerosis*. The Lancet, Michigan, 2022.

GIANCARLO, Logroscino, PICCININNI, Marco. Amyotrophic Lateral Sclerosis Descriptive Epidemiology: the origin of geographic difference. *Neuroepidemiology*, Leece, v. 52, (2019); p. 53:93-103. DOI: 10.1159/000493386.

GONCHAROVA Polina S., DAVIDOVA Tatiana K., SHNAYDER Natalia A. *et al.* Epidemiology of Amyotrophic Lateral Sclerosis. *Personalized Psychiatry and Neurology*, St-Petersburg, v. 2, n. 1, p. 57-66, 2022. DOI: https://doi.org/10.52667/2712-9179-2022-2-1-57-66.

9. NEUROPATIAS PERIFÉRICAS

Maria Francisca de Jesus Melo Serra

9.1 INTRODUÇÃO

O sistema nervoso periférico (SNP) corresponde a todo tecido nervoso encontrado fora do sistema nervoso central (SNC), isto é, além da caixa craniana e do canal vertebral. Dessa forma, é classificado, funcionalmente, em sistema nervoso autônomo, responsável pelo controle involuntário das células lisas, cardíacas e glandulares, e em sistema nervoso somático, associado ao controle motor esquelético e sensitivo somático.

Nesse sentido, seus componentes anatômicos incluem nervos espinhais, nervos cranianos, nervos autonômicos e gânglios. Assim, neuropatia periférica (NP) pode ser definida como qualquer condição que comprometa a integridade de um ou mais componentes do SNP. Portanto, há diferentes fenótipos clínicos de apresentação dessa patologia.

9.2 CLASSIFICAÇÃO

As neuropatias periféricas podem ser classificadas quanto ao (à):

Acometimento nervoso

a) Mononeuropatias: correspondem às lesões isoladas de nervos. Podem ser: focal (há o acometimento de apenas um nervo) ou múltipla (há acometimento de dois ou mais nervos de forma assimétrica, assíncrona e sequencial).

b) Polineuropatias: consistem no envolvimento global, difuso e simétrico do SNP.

Fibra nervosa alvo

a) **Fibras A (mielinizada grossa)**: são fibras de maior diâmetro e maior velocidade de condução do impulso nervoso associadas aos reflexos profundos, à vibração e à propriocepção (sensibilidade profunda).

b) **Fibras B (mielinizada fina)**: são fibras mielínicas com um diâmetro inferior e nódulos mais frequentes, ou seja, uma rapidez de condução diminuída. Estão associadas à sensibilidade superficial, isto é, tato, temperatura e dor.

c) **Fibras C (amielínica)**: são mais delgados e desprovidos de mielina, assim, conduzem os impulsos com uma velocidade diminuída. Estão vinculadas à função autonômica e à sensação álgica.

Tipo de lesão

a) **Axonal**: há comprometimento da integridade estrutural e funcional dos axônios.

b) **Desmielinizante**: está associada à inflamação e degeneração da bainha de mielina dos nervos.

Tempo de instalação:

a) **Neuropatias agudas**: evolução em horas a dias.

b) **Neuropatias subagudas**: evolução em semanas a meses.

c) **Neuropatias crônicas**: evolução em meses a anos.

9.3 ETIOLOGIAS

As neuropatias periféricas estão atreladas a processos lesivos locais e crônicos de suas estruturas, os quais podem ser muitas vezes agravados por condições prévias e sistêmicas. Dessa forma, podem ser consideradas causas:

a) **Físicas e isquêmicas**: compressão e encarceramento, estiramento, isquemia feridas penetrantes, fraturas e injeções, calor, resfriamento e choque elétrico.

b) Genéticas: doença de Charcot-Marie-Tooth, neuropatias hereditárias focais recorrentes, neuropatias porfirínicas, neuropatias sensitivo-autonômicas hereditárias.

c) Sistêmicas: diabetes Mellitus (DM) e hipoglicemia, etilismo e desnutrição, amiloidose, acometimentos renais, hepáticos, tireoidianos e hipofisários, síndrome de Poems.

d) Infecciosas e inflamatórias: doenças virais, hanseníase, difteria, herpes, doença de Lyme, doenças parasitárias, sarcoidose.

e) Imunológicas: síndrome de Guillain-Barré, polirradiculoneuropatia crônica inflamatória desmielinizante, neoplasia sensitivo-motora multifocal.

f) Tóxicas: metais, drogas, agentes químico-industriais.

g) Neoplásicas: causas paraneoplásicas, linfomas, leucemias, policitemia vera, tumores de nervos periféricos.

9.4 QUADRO CLÍNICO

Os nervos periféricos podem variar desde motores a sensitivos ou, ainda, autonômicos. Nesse sentido, a manifestação dos sinais e sintomas estará diretamente relacionada com o padrão de fibra acometida. Tais sinais e sintomas podem variar de um extremo a outro, isto é, da perda de função à exacerbação do quadro:

Quadro 6 – Sinais e Sintomas das Neuropatias Periféricas

Aspectos Clínicos	Motores	Sensitivos
Positivos	Espasmos	Formigamento
	Câibras	Coceira e Queimação
	Tremores	Dor
	Rigidez	Hiperestesia
	Posturas distônicas	Disestesia

Aspectos Clínicos	Motores	Sensitivos
Negativos	Fadiga	Dormência
	Fraqueza	Anestesia
	Cansaço	Hipoestesia

Fonte: adaptado do Manual do Residente de Clínica Médica (2015)

Além disso, mesmo que em proporções variáveis, pode haver o aparecimento de distúrbios tróficos, como atrofia muscular ou alterações de pele, unhas, tecido subcutâneo e pelos, em virtude da desnervação característica das neuropatias periféricas. Entre as formas mais comuns de aparecimento estão o pé cavo, pé plano ou chato, dedos em martelo, amiotrofia, juntas de charcot e úlceras plantares.

9.5 MONONEUROPATIAS

Mononeuropatia focal

Caracteriza-se pelo comprometimento de apenas um nervo. As principais etiologias incluem compressões traumáticas e condições sistêmicas, como DM, hanseníase e colagenases.

Membro superior

a) Nervo mediano no punho (síndrome do túnel do carpo): caracteriza-se pelo aparecimento de dormência e dor urente intensa noturna na mão, além de atrofia da região tenar e fraqueza nos movimentos de abdução e oponência do polegar. Ao exame físico, apresenta sinal de Tinel positivo, isto é, dor à percussão do punho.

b) Nervo Radial na goteira do úmero (paralisia do sábado à noite): paciente com história de uso de muletas, fraturas de úmero ou acidente por arma de fogo associada à compressão do nervo radial contra o úmero. Cursa com fraqueza no punho e nos extensores dos dedos, caracterizada pelo sinal da mão caída ou em gota, e perda sensorial.

Membro inferior

a) Nervo femoral: dentre as principais causas estão a neuropatia diabética e a compressão por linfomas e abscessos pélvicos ao longo do seu trajeto. Associada a fraqueza na flexão do quadril e na extensão do joelho, logo, o paciente apresenta dificuldade de levantar-se da posição sentada. Além de perda sensitiva na parte anterior da coxa e medial da perna e arreflexia patelar.

b) Nervo fibular comum: a principal etiologia é a forma compressiva, estando associada a pacientes magros com hábito de cruzar as pernas ou, ainda, acamados. Entre os sinais e sintomas pode-se incluir dificuldade de realizar a dorsiflexão do pé, além de dor, fraqueza e parestesia em perna e pé. Caracteriza-se pela síndrome do pé caído, resultando na marcha escarvante.

Mononeuropatia múltipla

As mononeuropatias múltiplas se caracterizam pelo acometimento de dois ou mais nervos, sejam eles exclusivamente motores ou exclusivamente sensoriais, de forma assimétrica e distinta, tanto espacial quanto temporalmente. Entre as condições desencadeantes estão:

a) Doenças do tecido conjuntivo: colagenoses e vasculites.

b) Distúrbios metabólicos: diabetes, hipotireioidismo e disfunção hipofisária.

c) Doenças infecciosas: hanseníase, além de HIV/aids e doença de Lyme.

d) Doenças hereditárias.

Vale salientar que a neuropatia da hanseníase, sobretudo na forma virchoviana, apresenta-se predominantemente sob a forma de mononeuropatia múltipla, a qual pode, ainda, simular uma polineuropatia. Desse modo, no que tange ao quadro clínico típico das mononeuropatias múltiplas, pode-se incluir a presença de dor, fraqueza e parestesia nas regiões neuronais lesadas. Da mesma forma, em quadros de hanseníase, os distúrbios sensoriais costumam preceder os distúrbios motores, podendo cursar com quadro inicial de fraqueza indolor ou se iniciar com distúrbios sensoriais apenas, sem fraqueza.

9.6 POLINEUROPATIAS

As polineuropatias são condições progressivas e simétricas que acometem o SNP e podem ter diferentes manifestações à medida que evoluem. Em quadros mais precoces, pode apresentar manifestações como sensações de picadas e formigamentos ou, ainda, de calor e queimação nas plantas dos pés. À medida que progridem, há alterações centrípetas e simétricas de sensibilidade nos membros inferiores e superiores, o que pode simular o vestir de meias e/ ou luvas. Em condições mais raras, essa perda sensitiva pode atingir a região axial do corpo.

Síndrome de Guillain - Barré (SGB)

Trata-se de uma doença autoimune e neurodegenerativa caracterizada pelo acometimento do SNP. Seu desenvolvimento se dá após quadros infecciosos ou bacterianos, como covid-19 e zika vírus. Dentre suas manifestações clínicas estão a fraqueza flácida, sobretudo nas regiões proximais, além de parestesias de início em membros inferiores, fraqueza e perda de reflexos tendinosos profundos. De forma menos comum podem surgir disfunções sensitivas. Seu diagnóstico é realizado a partir de uma anamnese e um exame físico de qualidades, além de análise de líquor e eletroneuromiografia. Quanto ao tratamento, existe a administração de imunoglobulina intravenosa ou, ainda, a realização de plasmaférese.

Neuropatia diabética

A neuropatia diabética é uma condição clínica associada a estados hiperglicêmicos característicos de quadros de DM descompensados, o qual gera toxicidade aos nervos periféricos, favorecendo uma heterogeneidade de manifestações clínicas. Dentre as inúmeras possibilidades de apresentação, a polineuropatia simétrica distal configura-se a mais frequente, podendo apresentar sintomas ou não. Embora boa parte dos pacientes se apresente assintomática, as manifestações clínicas, em geral sensitivas, incluem parestesias, dor e dormência, desequilíbrio e quedas, choques, queimação e picadas, os quais aparecem nas extremidades, além de ataxia proprioceptiva, hiporreflexia ou arreflexia profunda, anestesia, atrofia muscular e fraqueza distal em extremidades. O diagnóstico é feito a partir do uso de escalas clínicas e testes neurofisiológicos, autonômicos e morfológicos. Quanto ao tratamento, ressalta-se a importância do controle rigoroso dos níveis glicêmicos, além do uso de fármacos terapêuticos e analgésicos.

Diagnóstico das neuropatias periféricas

a) **Anamnese e exame físico.**

b) **Exames laboratoriais.**

c) **Testes neurofisiológicos**: eletroneuromiografia.

d) **Testes morfológicos**: biópsia do nervo periférico e de pele.

e) **Coleta de líquido cefalorraquidiano.**

f) **USG e Ressonância magnética.**

Tratamento das neuropatias periféricas

a) **Tratamento sintomático**: o tratamento sintomático da dor se faz por meio de anticonvulsivantes, antidepressivos e, em último caso, opioides.

b) **Tratamento específico**: varia de acordo com a causa desencadeante.

c) **Causas metabólicas:** controle de variáveis vinculadas à doença, como o controle glicêmico no DM.

d) **Causas carenciais**: correção de hipovitaminoses, como de B12, e outro *deficit* nutricional.

e) **Causas tóxicas**: interrupção da exposição a metais pesados, drogas e outras etiologias desencadeantes.

f) **Causas imunomediadas**: uso de fármacos, como corticoides e imunossupressores, além de plasmaférese e administração de imunoglobulina humana endovenosa, como na SGB.

g) **Reabilitação e terapia ocupacional.**

Referências

BARREIRA, Amilton Antunes. Neuropatias periféricas. *In:* PORTO, Celmo Celeno. *Semiologia Médica*. Rio de Janeiro: Guanabara Koogan, 1990. p. 1053-1075.

GALARCE, Evelyn Cristina *et al.* Síndrome de Guillain-Barré, uma polineuropatia desmielinizante inflamatória crônica: uma revisão bibliográfica. *Caderno Saúde e Desenvolvimento,* sine loco, v. 9, n. 16, p. 24 -19, 2020. Disponível em: https://cadernosuninter.com/index.php/saude--e-desenvolvimento/article/view/1479/1095. Acesso em: 13 dez. 2022.

GARBINO, José Antonio; JUNIOR, Wilson Marques. A neuropatia da Hanseníase. *In:* ALVES, Elioenai Dornelles; FERREIRA, Telma Leonel; FERREIRA, Isaias Nery. *Hanseníase: avanços e desafios*. Brasília: NESPRO, 2014. p. 215-229.

LINO, Angelina Maria Martins. Neuropatias periféricas. *In:* MARTINS, Mílton de Arruda. *Manual do residente de clínica médica*. Barueri: Manole, 2015. p.185-189.

NASCIMENTO, Osvaldo José Moreira; PUPEL, Camila Castelo Branco; CAVALCANTI, Eduardo Boiteux Uchôa. Diabetic neuropathy. *Revista Dor*, São Paulo, v. 7, p. 46-51, 2016.

10. MIOPATIAS

Wesley do Nascimento Silva

10.1 INTRODUÇÃO

As miopatias são desordens que afetam principalmente o músculo estriado esquelético, por vezes o músculo cardíaco e raramente o músculo liso. O principal sintoma desse conjunto de doenças é a fraqueza muscular. Essas doenças possuem variadas etiologias, que podem ser de etiologia inflamatória, congênita ou distrófica (musculares ou miotônicas). Por isso, diversos fatores precisam ser considerados para o diagnóstico.

10.2 MIOPATIAS INFLAMATÓRIAS

O paciente com miopatia inflamatória pode se apresentar com polimiosite ou dermatomiosite. Ambas, chamadas miopatias, são doenças inflamatórias idiopáticas, que se caracterizam por um processo inflamatório nos músculos esqueléticos em que é comum a fraqueza muscular distribuída. Essas doenças possuem forte associação com malignidade, e, por isso, todo paciente diagnosticado deve fazer rastreio para avaliar a presença de algum tipo de câncer. Essas desordens podem ocorrer de forma isolada, mas também podem aparecer junto a doenças autoimunes. O quadro clínico das duas doenças é muito semelhante, com o diferencial de que, na dermatomiosite, há lesões cutâneas.

Patogenia

Na polimiosite, estão presentes os linfócitos T-CD8, que fazem a destruição da célula muscular esquelética. Na dermatomiosite, a patologia ocorre por deposição de imunocomplexos em vasos dos músculos, o que leva à microangiopatia e, consequentemente, à isquemia muscular.

Quadro Clínico

A clínica é de padrão miopático, ou seja, aparece progressivamente fraqueza de forma simétrica, proximal (musculatura da cintura pélvica e escapular), no período de semanas ou meses, que progride para a região proximal dos membros. O quadro também envolve o acometimento dos flexores do pescoço. Em alguns casos, a fraqueza muscular também afeta os músculos relacionados ao sistema respiratório e cardíaco. Em 40% dos pacientes, aparecem problemas cardíacos, como arritmias, cardiomiopatias dilatadas e miocardites. Há também o acometimento da musculatura da faringe e esôfago, levando a quadros de engasgo. Um terço dos pacientes terão flacidez e dor muscular.

Na dermatomiosite, as lesões cutâneas podem aparecer antes ou acompanhadas dos sintomas musculares. O clínico deve identificar as pápulas de Gottron, que são formações escamosas, simétricas, que ocorrem principalmente nos cotovelos, joelhos, nós dos dedos e maléolos. Ainda no exame físico, deve-se identificar os heliotrópios, que são lesões erupções eritematosas e violáceas nas pálpebras superiores. Edema palpebral, com pápulas de Gottron e heliótropos são sinais específicos da dermatomiosite. Além disso, também podem aparecer hemorragias nas cutículas, lesões nas regiões laterais e palmares dos dedos, erupções eritematosas na região nasolabial, queixo, tórax, pescoço e ponte nasal.

Diagnóstico

O profissional deve ter atenção às manifestações motoras citadas. Por exemplo, é possível pedir para o paciente flexionar os músculos do pescoço, deitado, tentando colocar o queixo na região do tórax. Quanto à solicitação de anticorpos, atenção ao anticorpo FAN, que é positivo em 70% dos casos de miosites. O anticorpo anti-Jo-1 está presente em 20% dos casos e é mais comum na polimiosite. Além desses, o anti-Mi- 2 possui prevalência de 10%, mas só ocorre na dermatomiosite. O anti-SRP possui prevalência de 5% e se associa com início agudo e envolvimento cardíaco associado, portanto, com prognóstico ruim. Os anticorpos anti-Pi-7 e anti--PI-12 aparecem apenas na polimiosite.

No laboratório, a enzima creatina quinase (CK) aparecerá elevada em até 100 vezes na poliomisite e dez vezes na dermatomiosite. Quando CK estiver normal em miosite, pode representar associação com malignidade, miosite na infância, associação com outra doença no organismo, ou longo tempo de doença com músculo já atrofiado.

Outra avaliação conjunta que pode ser feita é o exame de eletromiografia, que avalia a atividade elétrica do músculo, em repouso e durante o esforço. Os principais achados são: irritação da célula muscular, com potenciais de fibrilação e ondas positivas de ponta, e ocorre o recrutamento excessivo de unidades motoras para contração.

O exame padrão ouro para diagnóstico é a biópsia muscular, sempre feita no músculo afetado. O principal achado é a necrose da fibra muscular, degeneração, regeneração e infiltrado de células inflamatórias. Para diferenciação das duas doenças na biópsia, identifica-se que na dermomiopatia há a deposição de complemento na parede dos vasos capilares e atrofia perifascicular.

Além disso, pode-se usar ressonância magnética com ou sem espectroscopia, os quais são métodos promissores para avaliação das miopatias. Tais técnicas podem mostrar o processo inflamatório, edema, miosite, fibrose e calcificação. O método também pode ser usado para avaliar resposta ao tratamento ou também detectar áreas comprometidas, facilitando a realização da biópsia.

Tratamento

O tratamento é realizado com o uso da prednisona. Em quadros graves, com insuficiência respiratória, deve ser utilizada a metilprednisolona por três dias. O médico deve ter atenção com o uso dos glicocorticóides, pois eles podem causar fraqueza muscular.

Se a CK estiver normal, deve-se atribuir a fraqueza muscular ao medicamento e, dessa forma, reduzir a dose.

Geralmente, o uso do glicocorticóide é associado a outro imunossupressor, com o objetivo de reduzir progressivamente a dose. Em pacientes sem doença pulmonar, também é possível a utilização da azatioprina, ciclosporina ou tacrolimus. O principal critério para iniciar a retirada dos medicamentos é a recuperação da força muscular.

10.3 MIOPATIAS CONGÊNITAS

As miopatias congênitas são doenças musculares hereditárias que causam hipotonia e fraqueza logo ao nascimento ou durante o período neonatal e, em alguns casos, retardo de desenvolvimento motor tardio na infância. Os três tipos mais comuns de miopatia congênita são a miopatia nuclear, a miopatia centronuclear e a miopatia nemalínica. O tratamento das miopatias congênitas é de suporte, com equipe multidisciplinar, incluindo a fisioterapia.

Quadro clínico e diagnóstico

A miopatia nuclear é, geralmente, de herança autossômica dominante, mas com raras formas recessivas. A maioria dos pacientes afetados desenvolve hipotonia e fraqueza leve da musculatura proximal quando neonatos, e, às vezes, os sintomas da miopatia nuclear só se manifestam na vida adulta. A fraqueza não é progressiva e a expectativa de vida dos pacientes é normal. O diagnóstico em biópsia mostra que o centro das fibras musculares possui uma coloração diferenciada, com ausência de mitocôndrias, o que sugere ser uma porção não funcionante.

A miopatia centronuclear é de quadro clínico variável. Pode ser ligada ao cromossomo X, autossômica dominante ou autossômica recessiva. A forma ligada ao X origina normalmente um fenótipo grave em indivíduos do sexo masculino, com a apresentação ao nascimento de fraqueza marcada e hipotonia, oftalmoplegia e insuficiência respiratória. As formas autossômica recessiva e dominante diferem da forma ligada ao X com relação à idade de apresentação, gravidade, características clínicas e prognóstico. Em geral, as formas dominantes têm uma apresentação mais tardia e um decurso mais rápido do que a forma ligada ao X, e a forma recessiva é intermédia em ambos aspectos. A miopatia centronuclear é caracterizada na biópsia por abundância de núcleos centrais.

A miopatia nemalínica pode ser autossômica dominante ou recessiva. Se caracteriza por hipotonia, fraqueza muscular proximal, arreflexia e deformações esqueléticas. Os pacientes gravemente afetados podem ter fraqueza dos músculos respiratórios e insuficiência respiratória. A doença moderada produz fraqueza progressiva nos músculos de face, pescoço, tronco e pés, mas a expectativa de vida pode ser próxima da normal. O diagnóstico histopatológico mostra bastonetes ou estruturas filiformes em toda a extensão das fibras musculares formando ângulo reto com as fibras normais. A miopatia se apresenta assim devido ao excesso de produção e acúmulo do material da linha Z.

DISTROFIAS MUSCULARES

As distrofias musculares são um grupo de distúrbios musculares hereditários, nos quais um ou mais genes necessários para a estrutura e funcionamento muscular são disfuncionais, o que resulta em fraqueza muscular com diversos níveis de intensidade. As principais distrofias são a de Duchenne e a de Becker, que provocam fraqueza nos músculos mais próximos ao tronco.

Etiologia

Essas duas doenças são recessivas, ligadas ao cromossomo X, e são causadas por deficiência da distrofina nos músculos esquelético e cardíaco, levando a lesões necrosantes progressivas. Quando os meninos possuem esse defeito genético, apresentam quantidades mínimas de distrofina, que é uma proteína importante para a construção e manutenção dos músculos.

Quadro clínico

A distrofia muscular de Duchenne apresenta os seus primeiros sinais entre os dois e três anos de idade. Os primeiros sintomas são atraso do desenvolvimento e dificuldades ao andar, correr, saltar e outras atividades da criança. Meninos com a distrofia têm o andar oscilante, na ponta dos pés, e por isso caem com frequência. No geral, há fraqueza nos músculos dos ombros, a qual piora gradualmente.

Nos pacientes com distrofia muscular de Duchenne, o músculo cardíaco também aumenta de tamanho e se enfraquece gradualmente, o que causa problemas no batimento cardíaco. Complicações cardíacas ocorrem em aproximadamente um terço dos meninos com a doença até os 14 de idade, e em todos os meninos afetados com idade superior a 18 anos.

Nos meninos com distrofia muscular de Becker, a fraqueza é menos grave e começa a aparecer um pouco mais tarde, por volta dos 12 anos de idade. Em geral, eles conseguem andar até pelo menos os 15 anos de idade e muitos deles conseguem continuar a andar até a idade adulta. O padrão de fraqueza se assemelha ao da distrofia muscular de Duchenne.

Diagnóstico

Pode ser realizada coleta de sangue para análise da enzima creatina quinase, que pode se apresentar 50 a 100 vezes mais alta. É de muita utilidade o teste genético em uma amostra de sangue para identificar mutações no gene que codifica a distrofina, e mutações nesse gene podem confirmar a doença. Outra forma de fechar o diagnóstico é a partir do exame histopatológico, no qual o médico deve solicitar uma biópsia muscular para determinar os níveis da proteína distrofina no músculo. Ao analisarem um tecido muscular ao microscópio, os profissionais identificam o teste positivo quando veem tecido morto e fibras musculares de tamanho elevado. Na biópsia para diferenciação, os níveis da distrofina são menores na distrofia de Duchenne do que na de Becker.

Tratamento

O tratamento é realizado com fisioterapia e equipe multidisciplinar para melhora da função muscular. O tratamento farmacológico das duas doenças é muito similar. A prednisona pode produzir aumento da força muscular. Se houver efeito colateral, a redução da dose ainda produz bons efeitos. O deflazacorte pode ser usado pois é um corticosteróide que produz menos efeitos colaterais.

10.4 DISTROFIA MIOTÔNICA

Miotonia se refere ao retardo no relaxamento após uma contração muscular, o que pode causar rigidez, pois o músculo permanece contraído. A distrofia muscular miotônica, ou doença de Steinert, é hereditária, na qual um ou mais genes necessários para a estrutura e funcionamento muscular são defeituosos, o que resulta em fraqueza muscular e atrofia muscular de gravidade variável. Essa é a miopatia mais comum nos adultos, que afeta igualmente homens e mulheres.

Etiologia

A distrofia miotônica pode ser de tipo 1 ou 2, e as duas se apresentam como distúrbio autossômico dominante. O defeito parece estar relacionado com uma grande membrana celular, que apresenta impermeabilidade aos íons cloreto, que são responsáveis pelo relaxamento da fibra.

Quadro clínico

Sintomas importantes são a fraqueza muscular, mais distal do que proximal, degeneração dos músculos dos braços, pernas, e dos músculos da face. Também é frequente a queda das pálpebras. O músculo cardíaco também se enfraquece e o ritmo cardíaco pode ficar alterado.

Os sintomas da distrofia miotônica começam durante a adolescência ou no início da idade adulta. Formas mais graves da doença apresentam fraqueza muscular extrema e podem desenvolver cataratas, atrofia testicular, calvície frontal prematura, irregularidade no ritmo cardíaco, diabetes e deficiência intelectual. O tempo de vida desses pacientes é menor do que o da média da população em geral, devido às intercorrências respiratórias e cardíacas.

Diagnóstico

O diagnóstico é confirmado por meio do exame genético. Mais de 90% dos pacientes também podem apresentar anormalidades no eletrocardiograma.

Tratamento

Não há tratamentos específicos além do manejo das doenças sistêmicas. Todavia, o médico pode prescrever medicamentos para alívio da rigidez muscular, como a fenitoína, que possui poucos efeitos colaterais. Outros medicamentos podem aliviar a rigidez muscular, como a lamotrigina e a carbamazepina. O tratamento para a fraqueza muscular, que é o sintoma que mais incomoda a maioria dos pacientes, são as medidas de apoio, como aparelhos ortopédicos para os tornozelos e outros métodos fisioterápicos.

Referências

BARREIRA, Amilton Antunes. *Neuropatias periféricas*: semiologia médica. Rio de Janeiro: Guanabara Koogan, 1990. Disponível em: https://repositorio.usp.br/item/000809393. Acesso em: 10 dez. 2022

BRUST, John C. M. *Treatment Neurology*. Chicago: Mc Graw Hill Education. 2019.

GAGLIARDI, Rubens *et al. Tratado de Neurologia da Academia Brasileira de Neurologia.* 2. ed. Rio de Janeiro: Elsevier, 2019.

LEYY, José Antonio. *Doenças musculares*: estudo clínico e diagnóstico. Rio de Janeiro: São Paulo: Livraria Atheneu, 1989.

VASCONCELOS, José Tupinambá Sousa. *Livro da Sociedade Brasileira de Reumatologia.* Barueri: Manole, 2019.

11. MENINGITES

Fernanda Karolynne Sousa Coimbra

11.1 INTRODUÇÃO

Meningites são processos infecciosos que acometem as meninges e o espaço contido entre estas membranas. Neste espaço (espaço subaracnóideo) está contido o líquido cefalorraquidiano (LCR). O LCR envolve o encéfalo e a medula, preenche as cisternas da base do crânio e envolve nervos cranianos e quiasma óptico. O espaço subaracnóideo é, portanto, um compartimento contínuo.

Sua etiologia envolve variados agentes infecciosos como vírus, bactérias, fungos e parasitas, mas são as de origem viral e bacteriana que possuem grande significância sob o prisma da saúde pública, considerando a gravidade e a epidemiologia. No Brasil, a doença possui endemicidade, ou seja, a ocorrência de casos é aguardada no decorrer do ano, com possíveis surtos e epidemias, comumente ocorrendo mais casos de causas bacterianas no inverno e virais no verão.

A meningite viral é a etiologia de maior frequência, entretanto, a bacteriana é relatada como uma afecção de grande importância, devido à sua alta mortalidade e morbidade em comparação com as meningites virais, e ocorre principalmente em crianças de regiões de baixa situação econômico-social.

11.2 MENINGITE BACTERIANA

Definição e epidemiologia

Meningites bacterianas agudas (MBA) são infecções graves, habitualmente atreladas à elevada morbimortalidade. Os principais agentes relacionados à MBA são os pneumococos, meningococos e hemófilos, podendo, mais raramente, ser causada por estreptococos do grupo B ou listeria. As meningites causadas por hemófilos e, em menor grau, por pneumococos diminuíram acentuadamente nos últimos anos devido à vacinação em massa contra essas bactérias.

A mortalidade da meningite por meningococos e por hemófilos varia de 5% a 15%. As sequelas ocorrem em cerca de 10% dos doentes. Nas meningites causadas por pneumococos, a mortalidade é de 15% a 30%. Dos que sobrevivem, 30% podem apresentar sequelas.

Fisiopatologia

Para conseguir chegarem ao SNC, as bactérias devem vencer quatro etapas: a adesão ao epitélio da mucosa da nasofaringe do hospedeiro no qual irá se proliferar; a invasão do interior dos vasos subjacentes e a sobrevivência aos mecanismos de defesa do hospedeiro contra septicemia; a translocação bacteriana através da parede dos vasos e da barreira hematoencefálica (BHE), atingindo o líquido cefalorraquidiano (LCR); por fim, a sobrevivência e a replicação das cepas no LCR.

Após vencer as etapas, as bactérias irão causar modificações no endotélio vascular, gerando um quadro inflamatório sistêmico com as seguintes repercussões:

a) Migração seletiva de leucócitos: predomínio absoluto de neutrófilos e sem passagem de hemácias.

b) Quebra das barreiras: permite a passagem de água e eletrólitos, albumina, complemento e anticorpos de baixa especificidade.

c) Formação de exsudato inflamatório: seroso nas meninges da convexidade e fibroso na base do crânio. O exsudato fibroso pode ocasionar bloqueios do fluxo normal de LCR, causando hidrocefalia e/ou aracnoidites.

d) Instalação de edema vasogênico: resulta em edema cerebral de intensidade variável, seja pela bacteremia, seja pela concentração aumentada de óxido nítrico no LCR que ocorre nas meningites bacterianas.

e) Tromboflebites: aparecem, habitualmente, depois da primeira semana.

Quadro Clínico

As manifestações clínicas da MBA variam de acordo com a idade e a duração dos sintomas, podendo apresentar apenas sintomas inespecíficos. As manifestações cutâneas mais comuns são petéquias, púrpura e exantema maculopapular. O quadro clínico das meningites é composto por três síndromes principais:

a) **Síndrome de hipertensão intracraniana (SHIC)**: cefaleia intensa, náuseas, vômitos e confusão mental. Habitualmente, os vômitos são precedidos por náuseas. A ocorrência clássica de vômitos em jato é observada esporadicamente. Habitualmente não há papiledema nesta fase, devido ao caráter agudo de instalação da SHIC.

b) **Síndrome Toxêmica**: sinais gerais de toxemia, incluindo febre alta, delirium e mal-estar. É frequente o achado de dissociação entre pulso (alterações discretas) e temperatura (eleva-se significativamente).

c) **Síndrome de irritação meníngea**: caracterizada pela rigidez de nuca, pelo sinal de Brudzinski (o paciente flete ambos os joelhos ao ser realizada a flexão anterior da cabeça, pelo sinal de Kernig (resistência à extensão da perna) e pelo sinal de desconforto lombar.

Duas das três síndromes são encontradas em 95% dos casos, sugerindo fortemente o diagnóstico de meningite aguda. Já as três síndromes juntas são encontradas em 44% dos pacientes, mais frequentemente em casos de meningite por pneumococos.

Em crianças, o diagnóstico costuma ser mais difícil. Não há queixa de cefaleia e os sinais de irritação meníngea podem estar ausentes ou ser mais difíceis de reconhecer. Os achados mais frequentes são: febre, irritabilidade, prostração, vômitos, convulsões e, eventualmente, abaulamento de fontanela. Rigidez de nuca, bem como sinais de Kernig e Brudzinski, são observados em cerca de 50% das crianças com meningite. É consenso que os pediatras devem suspeitar sistematicamente da doença e indicar a punção para coleta de LCR com certa liberalidade.

Diagnóstico

A análise laboratorial é uma ferramenta que auxilia no diagnóstico da meningite, confirmando os casos clínicos ou sugestivos de meningite. Ela é feita a partir da contagem das células brancas do sangue periférico, sendo observada uma leucopenia. Entretanto, a cultura do sangue periférico não estabelece uma confirmação eficaz, pois, se o paciente tiver recebido um pré-tratamento com antibióticos, o rendimento das culturas diminui em torno de 20%.

O exame do LCR permanece como "padrão ouro" para o diagnóstico, permitindo a diferenciação entre as formas de meningite bacteriana e viral. As indicações de punção para análise de líquor estão exemplificadas a seguir:

a) Na população geral: febre (principalmente de origem não determinada ou numa síndrome toxêmica): 90%-95%; cefaleia e vômitos (SHIC): 80%-90%; sinais de irritação meníngea: 80%-90%; comprometimento do estado mental: 17%.

b) Em crianças: febre, irritabilidade, letargia, vômitos, fontanela abaulada, convulsões.

c) Em idosos: manifestações clínicas menos frequentes: febre (65%); cefaleia (50%); irritação meníngea (55%). Achados mais frequentes: alterações do estado mental (80%).

Os exames de neuroimagem devem preceder o exame de LCR nas seguintes eventualidades: quando houver sinais de localização ao exame neurológico; quando, clinicamente, a síndrome toxêmica estiver ausente ou for pouco expressiva; quando houver deterioração precoce do estado clínico; quando houver papiledema ao exame físico: papiledema costuma aparecer apenas depois de cerca de 36-48 horas de vigência de hipertensão intracraniana; seu aparecimento em quadros agudos com poucas horas de evolução sugere fortemente haver outro tipo de etiologia (processo expansivo) ocorrendo de modo associado ou concomitante.

Tratamento

As meningites bacterianas devem ser encaradas como emergências médicas a tal ponto que, muitas vezes, é necessário iniciar o tratamento antes de conhecer o agente etiológico.

Quadro 7 – Protocolo de Tratamento Empírico da MBA

Idade	Esquema de Escolha	Esquema Alternativo
< 3 meses	Ceftriaxona + Ampicilina	Cloranfenicol + Gentamicina
> 3 meses e < 17 anos	Ceftriaxona	Meropenem ou Cloranfenicol
> 17 anos e < 50 anos	Ceftriaxona	Ampicilina + Ciprofloxacino
≥ 50 anos	Ceftriaxona + Ampicilina	Ampicilina + Ciprofloxacino

Fonte: Machado (2019)

Quadro 8 – Protocolo de Tratamento Específico da MBA

Agente	Esquema de Escolha	Esquema Alternativo
Enterococo do Tipo B	Ceftriaxona + Ampicilina	Cloranfenicol + Gentamicina
Haemophilus influenzae	Ceftriaxona	Meropenem ou Cloranfenicol
Listeria monocytogenes	Ceftriaxona	Ampicilina + Ciprofloxacino
Neisseria meningitidis	Ceftriaxona + Ampicilina	Ampicilina + Ciprofloxacino
Streptococcus pneumoniae (MIC ≤ 0,1)	Ceftriaxona	Penicilina G Cristalina ou Meropenem
Streptococcus pneumoniae (MIC > 0,1)	Ceftriaxona + Vancomicina	Rifampicina

Fonte: Machado (2019)

Nos casos mais graves, quando logo à admissão houver petéquias, choque ou sinais de edema cerebral intenso, é necessário tomar medidas emergenciais de: hidratação cuidadosa e imediata; ceftriaxona em bólus logo após o acesso venoso; vancomicina em infusão venosa lenta, por uma hora; manitol, se houver evidência de edema cerebral.

O uso sistemático de corticosteroides no tratamento das MBA é indicado entre 15 a 30 minutos antes da primeira dose ou, no máximo, acompanhado da primeira dose de antibióticos. É indicado o uso de dexametasona durante quatro dias. O uso de corticosteroides pode "esfriar" o processo inflamatório das meningites bacterianas agudas que é exacerbado pelo início do tratamento antibacteriano. A liberação de antígenos e toxinas bacterianas nessa fase acaba resultando em agressão ao tecido cerebral.

Profilaxia

A quimioprofilaxia dos contactantes é importante em meningites causadas por hemófilos e por meningococos. Ela deve ser feita o mais precocemente possível, de preferência nas primeiras 24 horas do diagnóstico. Entretanto, em casos tardios (até o 30° dia após o contato), ainda se faz necessária a quimioprofilaxia.

As indicações se restringem a contactantes íntimos que morem no mesmo domicílio em que tenha havido um caso de meningite; a colegas da mesma classe de berçários, creches ou pré-escolas, bem como adultos dessas instituições que tenham mantido contato com o caso de meningite; a outros contactantes que tenham tido relação íntima e prolongada com o doente e que tenham tido contato com as secreções orais e em profissionais de saúde que tenham sido expostos às secreções do paciente sem as medidas de proteção adequadas, sobretudo antes ou no início da antibioticoterapia.

Para quimioprofilaxia, deve ser utilizado um dos seguintes antimicrobianos: rifampicina, ceftriaxone, ciprofloxacino ou azitromicina

A imunização é outro recurso eficaz na profilaxia das meningites bacterianas. O Ministério da Saúde oferta um esquema vacinal gratuito e universal que garante, ainda na infância, a administração da vacina pentavalente, a qual possui cobertura para hemófilos tipo B, além da vacina meningocócica C.

11.3 MENINGITE VIRAL

Definição e etiologia

Meningites virais são mais frequentes, sendo as de maior relevância clínica causadas por: herpesvírus (HSV-1; HSV-2; CMV; VXV), principais arbovírus (ex: dengue) e outros vírus (raiva e caxumba).

Os vírus de maior prevalência relacionados à meningite são os enterovírus e os herpesvírus. Coincidentemente, são também esses os agentes etiológicos para os quais existem métodos diagnósticos adequadamente padronizados. O desenvolvimento da doença por essa etiologia não possui imunização e, consequentemente, é mais frequente.

Quadro clínico

O quadro clínico é semelhante ao das demais meningites agudas (febre, cefaléia intensa, náusea, vômito, rigidez de nuca, prostração e confusão mental). Entretanto, o exame físico chama a atenção quanto ao bom estado geral associado à presença de sinais de irritação meníngea. Em geral, o restabelecimento do paciente é completo, mas, em alguns casos, pode permanecer alguma debilidade, como espasmos musculares, insônia e mudanças de personalidade.

A duração do quadro é geralmente inferior a uma semana. Em geral, as meningites virais não estão associadas a complicações, a não ser em indivíduos imunossuprimidos. Quando se trata de enterovírus, é importante destacar que os sinais e sintomas inespecíficos que mais antecedem e/ou acompanham o quadro da meningite são: manifestações gastrointestinais (vômitos, anorexia e diarreia), respiratórias (tosse, faringite) e ainda mialgia e erupção cutânea.

Diagnóstico

O diagnóstico das meningites virais pode ser realizado a partir do exame de urina e de fezes. Os principais exames para o esclarecimento diagnóstico de casos suspeitos de meningite são:

a) exame quimiocitológico do líquor;

b) bacterioscopia direta (líquor);

c) cultura (líquor, sangue, petéquias ou fezes);

d) contra-imunoeletroforese cruzada (CIE) (líquor e soro);

e) aglutinação pelo látex (líquor e soro).

Tratamento

Nos casos de meningite viral, o tratamento antiviral específico não tem sido amplamente utilizado. Em geral, utiliza-se o tratamento de suporte, com criteriosa avaliação e acompanhamento clínicos. Tratamentos específicos somente estão preconizados para a meningite herpética (HSV1 e 2 e VZV), com aciclovir endovenoso. Na caxumba, a globulina específica hiperimune pode diminuir a incidência de orquite, porém, não melhora a síndrome neurológica.

Referências

BRASIL. Ministério da Saúde. Secretaria de Vigilância em Saúde. *Guia de Vigilância em Saúde*: volume único. 1. ed. Brasília: Ministério da Saúde, 2016.

DE LIMA FONTES, Francisco Lucas *et al.* Meningite em um estado do Nordeste brasileiro: descrição das características epidemiológicas em um período de 11 anos. *Revista Eletrônica Acervo Saúde*, volume suplementar 25, p. 628, 29 jun. 2019.

GAGLIARD, Rubens; Takayanagui, Osvaldo M. *Tratado de Neurologia da Academia Brasileira de Neurologia*. 2. ed. Rio de Janeiro: Elsevier, 2019.

NITRINI, Ricardo; BACHESCHI, Luiz Alberto. *A neurologia que todo médico deve saber*. 3. ed. São Paulo: Editora Atheneu, 2015.

TEIXEIRA, André B. *et al.* Meningite bacteriana: uma atualização. *RBAC*, v. 50, n. 4, p. 327-9, Fortaleza, 2018.

12. ENCEFALITES

Fernanda Karolynne Sousa Coimbra

12.1 INTRODUÇÃO

A encefalite é uma doença inflamatória do parênquima cerebral com presença de disfunção neurológica, podendo ser causada por infecção ou reação autoimune. A etiologia mais comum é de origem viral, sendo responsável por altos índices de morbimortalidade.

Quadro sintomático ou sinais de disfunção neurológica mais sugestivos de encefalite (cefaleia, diminuição do nível de consciência, convulsões, *deficit* focal, papiledema e alterações comportamentais) apresentam-se de maneira aguda (entre 24h e 72h) com manifestações sistêmicas como febre, linfadenopatia, erupção cutânea, artralgia, mialgia, sintomas respiratórios, sintomas gastrointestinais ou com história de exposição a fatores de risco conhecidos (viagens para áreas endêmicas, mordidas de animais, exposição a insetos ou carrapatos).

O diagnóstico é confirmado na presença de inflamação em amostras de tecido cerebral. No entanto, isso raramente é indicado. Por isso, usa-se evidências indiretas de inflamação na apresentação clínica e em testes não invasivos auxiliares, como a neuroimagem e a análise do LCR. A TC de crânio sem contraste, por exemplo, é indicada para todos os pacientes antes da punção lombar para análise do LCR quando há suspeita de hipertensão craniana. A ressonância magnética pode fornecer melhor caracterização da inflamação cerebral, demonstrar lesões focais e ajudar no diagnóstico diferencial com distúrbios inflamatórios idiopáticos do SNC. Já o EEG deve ser idealmente feito em todos os pacientes para detecção de atividade epileptiforme focal ou generalizada. Em casos selecionados, o EEG também pode ser útil para determinar a origem de problemas comportamentais, como em componentes psiquiátricos causados por encefalopatia subjacente.

12.2 ENCEFALOPATIA VIRAL

Definição e etiologia

A encefalite viral é um processo inflamatório do parênquima encefálico de início agudo. Geralmente manifesta-se por meio de febre, alteração do nível de consciência, convulsões e/ou sinais focais neurológicos associados à infecção viral. Apresenta-se, majoritariamente, em idosos, crianças e em pacientes imunossuprimidos.

Os agentes de encefalite viral mais comuns são os herpes vírus 1 e 2 (HSV-1 e HSV-2), enterovírus não pólio e arbovírus. Outras etiologias relevantes são a gripe (influenza) sazonal, citomegalovírus (CMV), vírus de Epstein-Barr (EBV) e herpes vírus humano 6 (HHV-6).

Fisiopatologia

O vírus causador da encefalite adentra o organismo pelas membranas mucosas do trato respiratório, gastrointestinal, geniturinário e pele, conjuntiva ocular e/ou sangue do indivíduo infectado. Com isso, há disseminação viral até o SNC por via hematogênica (arboviroses) ou neural (herpesvírus).

Diagnóstico

Em 2013, o International Encephalitis Consortium publicou recomendações para o diagnóstico de encefalite. Os seguintes critérios foram recomendados:

a) Critério principal (obrigatório): pacientes que buscaram ajuda médica com estado mental alterado (definido como nível de consciência diminuído ou alterado, letargia ou alteração de personalidade) com duração ≥ 24 horas sem causa alternativa identificada.

b) Critérios menores (2 necessários para possível encefalite; ≥ 3 requeridos para encefalite provável ou confirmada):

Febre documentada ≥38 °C nas 72 horas antes ou após a apresentação.

Convulsões generalizadas ou parciais não totalmente atribuíveis a um distúrbio convulsivo preexistente.

Novo início de achados neurológicos focais.

Contagem de leucócitos no LCR ≥ 5/mm3.

Anormalidade do parênquima cerebral à neuroimagem, sugestiva de encefalite que é nova de estudos anteriores ou parece aguda no início.

Anormalidade na eletroencefalografia compatível com encefalite e não atribuível a outra causa.

Tratamento

Quando há suspeita de encefalite viral, as primeiras medidas incluem tratamento de suporte e a correção de qualquer distúrbio hidroeletrolítico, desregulação autonômica ou disfunção renal e hepática. Além disso, é importante tratar e prevenir a ocorrência de convulsões.

Se a encefalite viral não puder ser descartada nas primeiras seis horas de internação, recomenda-se iniciar o tratamento empírico com aciclovir. O aciclovir possui atividade antiviral contra o HSV e vírus associados que compõem as principais causas de encefalite viral.

O tratamento com aciclovir é recomendado para encefalites causadas por HSV-1, HSV-2 e vírus varicella zoster, considerando a elevada morbidade e mortalidade que ocorrem nestas situações. Ganciclovir e Foscarnet IV são drogas de escolha no tratamento da encefalite por Citomegalovírus

Até 20% dos pacientes tratados com aciclovir podem desenvolver nefropatia por cristais e isso geralmente se manifesta após quatro dias de tratamento. A nefropatia é reversível, mas a função renal deve ser monitorada e os pacientes devem ser mantidos adequadamente hidratados. O aciclovir oral não atinge níveis terapêuticos do SNC e não deve ser usado no tratamento da encefalite viral.

Referências

BRASIL. Ministério da Saúde. Secretaria de Vigilância em Saúde. *Guia de Vigilância em Saúde: volume único*. Brasília: Ministério da Saúde, 2016.

COSTA, Bruna Klein da; SATO, Douglas Kazutoshi. Viral encephalitis: a practical review on diagnostic approach and treatment. *Jornal de Pediatria*, Rio de Janeiro, v. 96, p. 12-19, 2020.

GAGLIARD, Rubens; TAKAYANAGUI, Osvaldo M. *Tratado de Neurologia da Academia Brasileira de Neurologia*. 2. ed. Rio de Janeiro: Elsevier, 2019.

NITRINI, Ricardo; BACHESCHI, Luiz Alberto. *A neurologia que todo médico deve saber*. 3. ed. São Paulo: Editora Atheneu. 2015.

SOBRE OS AUTORES

Adna Cristina da Silva Pereira

Graduanda em Medicina pela Universidade Federal do Maranhão (Ufma). Participante e membro da diretoria da Liga Acadêmica de Cirurgia Cardiovascular da Ufma. Tem experiência na produção científica nas áreas de hematologia e cirurgia cardiovascular.

Orcid: 0009-0007-8274-5821

Arthur Duarte de Sousa

Acadêmico de Medicina pela Universidade Federal do Maranhão (Ufma). Membro do Grupo de Pesquisa em Patologia Molecular (Gepam). Aluno de iniciação científica no Laboratório de Imunofluorescência e Microscopia Eletrônica (Lime-Huufma). Presidente da Liga Acadêmica de Neurologia e Neurocirurgia (Lane-Ufma). Possui interesse nas áreas de neurologia, neurocirurgia, infectologia e medicina intensiva.

Orcid: 0000-0001-8112-6032.

Cristiane Fiquene Conti

Professora associada do Departamento de Morfologia da Universidade Federal do Maranhão (Ufma). Graduada em Medicina pela Faculdade de Medicina de Vassouras (1993). Residente e pós-graduada em Neurologia pela Universidade do Rio de Janeiro-Unirio e doutora em Ciências da Saúde pela Universidade Federal de São Paulo-Unifesp. Especialista em acupuntura médica pela Associação Médica Brasileira (AMB) e Colégio Médico de Acupuntura. Experiente na área neurociências, com ênfase em neurologia clínica, neuropsiquiatria, medicina do sono, atuando principalmente nos seguintes temas: distúrbios do sono, neurofisiologia clínica, neuroanatomia, saúde baseada em evidências.

Orcid: 0000-0002-2758-4830

Fernanda Karolynne Sousa Coimbra

Graduanda em Medicina pela Universidade Federal do Maranhão (Ufma). Membro da Federação Internacional das Associações dos Estudantes de Medicina do Brasil (IFMSA- Brasil) vinculada à Ufma, na qual atua como participante do Comitê Científico e do Comitê de Saúde Pública. Participante e membro da diretoria de ensino da Liga Acadêmica de Cirurgia Cardiovascular (Lacic), e membro da Liga Acadêmica de Neurologia e Neurocirurgia (Lane), ambas vinculadas à Ufma. Participante do Projeto de Extensão Noções Básicas de Doenças Cardiovasculares nas Escolas como Forma de Prevenção, vinculado à Lacic-Ufma. Tem interesse nas áreas de pesquisa científica, neurologia e saúde pública.

Orcid:0009-0008-3842-9917

Higor Lucas Borges Pereira

Graduando em Medicina na Universidade Federal do Maranhão (Ufma). Tem experiência na produção científica nas áreas de psiquiatria e saúde coletiva. Diretor de comunicação do Centro Acadêmico do curso de Medicina, além de participar de projetos de letramento em saúde da universidade.

Orcid: 0000-0002-1659-980X

Inggryd Eduarda Possidônio de Souza Santos

Graduanda de Medicina na Universidade Federal do Maranhão (Ufma). Tem experiência na área de pesquisas clínicas e experimentais nos seguintes temas: alteração comportamental, metabolismo e endocrinologia. Diretora do Centro Acadêmico do curso de Medicina, além de participar de projetos interdisciplinares da universidade.

Orcid: 0009-0007-0752-640X

João Pedro Pimentel Abreu

Graduando em Medicina na Universidade Federal do Maranhão (Ufma). Presidente da Liga Acadêmica de Cirurgia Cardiovascular da Ufma e membro efetivo da Liga Acadêmica de Neurologia e Neurocirurgia da mesma instituição. Tem experiência na elaboração de trabalhos científicos nas área de cirurgia cardiovascular, metabolismo e neurologia. Bolsista de iniciação científica do Conselho Nacional de Desenvolvimento Científico e Tecnológico (CNPQ), com pesquisa voltada para as áreas de micologia e oncologia.

Orcid: 0009-0003-9495-1367

Kamilly Ieda Silva Veigas

Graduanda de Medicina da Universidade Federal do Maranhão (Ufma). Tem experiência na produção científica nas áreas de neurologia, saúde mental e saúde coletiva. Bolsista de iniciação científica da Fundação de Amparo à Pesquisa e Desenvolvimento Científico e Tecnológico do Maranhão (Fapema), com pesquisa voltada para o tema de dor pélvica crônica. É membro efetivo da Liga Acadêmica de Neurologia e Neurocirurgia da Ufma.

Orcid: 0000-0002-0059-1096

Luis Miguel Moraes Araújo

Graduando em Medicina na Universidade Federal do Maranhão (Ufma). Membro efetivo da Liga Acadêmica de Neurologia e Neurocirurgia da Ufma.

Orcid: 0009-0007-4894-8537

Márcio Moysés de Oliveira

Professor associado do Departamento de Morfologia da Universidade Federal do Maranhão (Ufma) e docente permanente do mestrado profissional em Rede em Saúde da Família (Ufma/Fiocruz). Graduado em Medicina pela Escola de Ciências Médicas de Volta Redonda (1991). Fez residência médica em Cirurgia Geral no Hospital de Ipanema e residência médica em Coloproctologia no Hospital da Lagoa. Doutor em Medicina Interna e Terapêutica e Medicina Baseada em Evidências pela Universidade Federal de São Paulo (Unifesp). Atua principalmente nos seguintes temas: educação em saúde, cirurgia do aparelho digestivo, neuroanatomia/anatomia, distúrbios do sono, saúde baseada em evidências.

Orcid: 0000-0002-8768-5297

Maria Francisca de Jesus Melo Serra

Acadêmica do curso de Medicina da Universidade Federal do Maranhão (Ufma). Integrante do time de Educação Médica da InciSioN Brazil (International Student Surgical Network Brazil) e aluna de iniciação científica do Laboratório de Patologia e Imunoparasitologia da Ufma (LPI). Anteriormente, atuou como monitora da disciplina de Bioquímica.

Orcid: 0000-0003-3736-9242

Vinicius Freire Pereira

Graduando em Medicina pela Universidade Federal do Maranhão (Ufma). Membro do grupo de pesquisa sobre Associações Fisiopatológicas, Epigenéticas, Terapêuticas e Transgeracionais da Obesidade e suas Comorbidades (Afeto). Aluno de iniciação científica no Laboratório de Fisiologia Experimental (Lefisio). Monitor de Inglês Médico e de Técnica Operatória e Cirurgia Experimental. Vice-presidente da Liga Acadêmica de Medicina de Urgências e Emergências do Maranhão (Lamurgem-MA). Possui interesse nas áreas de neurologia, medicina intensiva e medicina baseada em evidências.

Orcid: 0000-0001-6137-862X

Wesley do Nascimento Silva

Acadêmico do curso de Medicina da Universidade Federal do Maranhão (Ufma). Presidente da Liga Acadêmica de Clínica Cirúrgica (LACC), membro das ligas acadêmicas de Ortopedia e Traumatologia (LOT), Urologia (LAU) e Oftalmologia (Laof). Anteriormente, atuou como monitor voluntário da disciplina de Farmacologia para o curso de Medicina da Ufma.

Orcid: 0009-0008-1959-5151